森林碳汇效率测度方法及应用研究

黄　衍　著

科学出版社

北　京

内 容 简 介

本书系统探讨森林碳汇效率测度方法及应用，聚焦“双碳”目标下森林碳汇的效率评估与优化策略。本书构建以数据包络分析为核心的方法体系，结合谢泼德距离函数、指数分解模型及交叉效率评价等，从单要素与全要素效率、增量驱动因素、区间效率测算、异质性改进、多维交叉效率及空间溢出效应等维度展开研究，揭示中国森林碳汇效率的时空演变规律与区域差异，提出基于效率补偿机制的标杆设置与多阶段资源优化方案，为提升森林碳汇管理科学性提供理论与方法支撑。

本书可供从事生态经济、林业科学、环境管理的科研人员与高校师生参考，可为“双碳”政策制定者、林业碳汇项目管理者及相关产业从业者提供效率评估工具与实践指导，也可供关注气候变化与可持续发展的跨学科研究者参考。

审图号：GS 京（2025）1513 号

图书在版编目(CIP)数据

森林碳汇效率测度方法及应用研究 / 黄衍著．--北京：科学出版社，2025. 8. --ISBN 978-7-03-082940-5

Ⅰ. S718. 5

中国国家版本馆 CIP 数据核字第 2025MK2543 号

责任编辑：刘　超 / 责任校对：樊雅琼

责任印制：徐晓晨 / 封面设计：无极书装

科学出版社出版

北京东黄城根北街 16 号

邮政编码：100717

http://www.sciencep.com

北京市金木堂数码科技有限公司印刷

科学出版社发行　各地新华书店经销

*

2025 年 8 月第　一　版　开本：787×1092　1/16

2025 年11月第二次印刷　印张：9 3/4

字数：240 000

定价：110.00 元

（如有印装质量问题，我社负责调换）

序

在全球气候变化日益严峻的背景下，森林碳汇的发展作为陆地生态系统中最具潜力的自然解决方案，已成为实现“双碳”目标的核心路径。我国作为全球最大的发展中国家，正面临着经济发展与生态保护的双重挑战。如何科学评估森林碳汇效率，优化资源配置，提升森林固碳能力，成为学术界和政策制定者共同关注的焦点。该书正是在这一时代需求下应运而生的重要学术成果。该书以数据包络分析（DEA）为核心方法论，系统构建了森林碳汇效率评估的理论框架，深入探讨了我国森林碳汇的时空演变规律、驱动因素及优化路径，为我国森林资源管理和碳汇发展提供了重要的理论支撑和实践指导。

气候变化是人类社会面临的最严峻挑战之一。工业革命以来，全球二氧化碳排放量激增，导致气温上升、极端天气频发，生态系统面临失衡风险。森林作为陆地生态系统的主体，其碳汇功能被国际社会公认为最经济、安全的固碳手段。我国森林资源丰富，但长期存在分布不均、质量不高、经营粗放等问题，其制约了我国碳汇潜力的发挥。在此背景下，科学评估森林碳汇效率，揭示其动态变化规律，对提升我国碳汇能力、推动绿色发展具有重要意义。该书以“双碳”目标为导向，聚焦森林碳汇效率的多维度测度与应用研究，不仅拓展了林业经济学的研究边界，还为环境科学、资源管理等学科提供了新的研究范式。其研究成果不仅丰富了森林碳汇理论体系，更为政策制定者提供了可操作的决策工具，具有显著的学科交叉性和实践价值。

传统 DEA 方法在处理复杂系统时存在效率高估、数据不确定性等问题。该书通过引入交叉效率评价、区间数据处理、粗糙集理论等方法构建了多层次、多视角的效率评估框架。例如，基于谢泼德距离函数和非期望产出松弛度量（slacks-based measurement，SBM）模型，分别测算了单要素和全要素效率，揭示了林地面积、资本投入等要素对碳汇效率的差异化影响；提出效率补偿机制，解决了区间数据决策中的溢出效应问题，提高了标杆面设置的合理性。此外，该书将 Malmquist 指数与空间计量模型相结合，动态分析了全要素生产率的变化趋势及其驱动因素，发现技术进步是提升我国森林碳汇效率的关键动力，而病虫害等非期望产出则是主要制约因素。这种动态视角的引入为识别区域差异、制定差异化政策提供了科学依据。通过空间杜宾模型（SDM）分析，该书进一步揭示了我国森林碳汇存在显著的正向溢出效应，但生态和社会维度的交叉效率对邻近地区产生负向影响，突破了传统研究仅关注本地效应的局限，为区域协同发展策略提供实证依据。

该书围绕森林碳汇效率的测度与应用，展开了系统而深入的实证研究。研究发现，我国森林碳汇效率呈现显著的区域差异：西南和华南地区凭借资源禀赋和技术优势位居前列，西北和华北地区因自然条件限制森林碳汇效率较低。从动态趋势看，技术进步对全要素效率提升的贡献率达 17.18%，但不同区域的技术效率变化存在波动。基于生产理论分解分析（production theory decomposition analysis，PDA）模型的分析表明，技术进步对碳汇增量的贡献率最大（如东部地区），而病虫害和碳汇技术效率低则是多数省（自治区、直辖市）的主要制约因素。针对数据不确定性问题，该书提出基于最佳和最差生产可能集的交互式效率评价模型，并通过实证分析确定了上海、浙江等 8 个标杆省（自治区、直辖市），发现东部发达地区需通过技术创新提升效率，而资源丰富的西部地区则需优化资源配置。结合林区异质性特征，该书设计了分阶段资源优化方案，例如北京、上海等城市化水平高的地区被归类为“组内改进型”，需大幅增加林业投资；而辽宁、云南等森林覆盖率高的省（自治区、直辖市）被归类为“全局改进型”，可通过技术升级提升效率。此外，该书揭示了生态和社会维度效率对邻近地区的负向溢出效应，以及经济维度效率的正向作用，表明需通过政策引导区域协同发展，平衡生态保护与经济增长的关系。

该书的研究成果对我国森林资源管理和碳汇发展具有重要的实践指导意义。通过单要素和全要素效率分析，识别出林地面积利用效率对碳汇提升的关键作用，为调整投入结构、提高资源利用效率提供了依据。技术进步的显著作用表明，我国需加大林业科技投入，推广高效固碳技术，同时加强病虫害防治技术研发。针对不同区域的效率特征，该书提出分类施策建议：东部地区应强化技术应用，西部地区需加强生态保护与资源管理。基于溢出效应分析，建议建立跨区域补偿机制，促进东部技术优势与西部资源优势互补。此外，该书强调在提升碳汇效率的同时，需兼顾生态、经济和社会效益，推动森林多功能利用。

该书是一部兼具理论深度与实践价值的学术著作。该书凭借严谨的方法论、丰富的实证分析内容和创新性的理论框架，为中国森林碳汇发展提供了科学指南。在“双碳”目标的引领下，期待该书的研究成果能进一步推动学术界对森林资源管理的深入探讨，为全球生态治理贡献中国智慧。

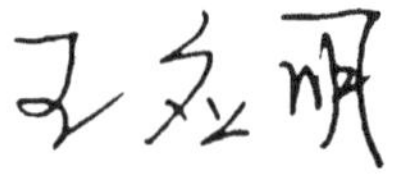

2024 年 9 月

前　言

在人类社会发展的漫长进程中，气候变化已逐渐演变成最为严峻的全球性挑战之一。工业革命以来，人类对化石能源的大规模开发和利用使大量二氧化碳等温室气体排放至大气中，造成全球气温持续攀升、极端天气频繁出现、生态系统失衡等一系列严重后果。在此背景下，“双碳”目标成为全球应对气候变化、推动可持续发展的核心战略。森林碳汇作为陆地生态系统中至关重要的碳调节机制，在实现这一战略目标的过程中扮演着不可替代的关键角色。

森林碳汇是指森林生态系统通过植物的光合作用吸收大气中的二氧化碳，并将其固定在植被和土壤中，进而降低大气中二氧化碳浓度的过程。这一过程看似简单，却蕴含着巨大的生态价值。森林犹如一座庞大而高效的“绿色工厂”，借助太阳能，将二氧化碳转化为有机物质，实现碳的固定和储存。从短期的生物固碳到长期的地质封存，森林碳汇构建了一个多级碳库，对维持全球碳平衡起着举足轻重的作用。不同纬度的森林各具独特的功能特性，热带森林凭借其高生产力，维持着极为活跃的碳捕获能力；寒温带森林则依靠深厚的腐殖质层，保障了碳储存的稳定性。这种动态平衡不仅直接缓解了温室效应的加剧，还通过调节水汽循环、维持地表反照率等生态服务增强了全球气候系统的韧性。国际社会早已认识到森林碳汇在气候治理中的关键地位。《京都议定书》《联合国气候变化框架公约》等一系列国际气候协议均将森林保护纳入减排框架，明确了其在稳定气候方面的重要性。森林碳汇的发展不仅是应对气候变化的自然解决方案，更是守护地球生命共同体的核心路径。

我国作为全球最大的发展中国家，同时是温室气体排放大国，一直以来积极履行应对气候变化的责任，坚定地致力于降低二氧化碳等温室气体排放量，减缓全球气候变暖的步伐。我国先后颁布了《中国应对气候变化国家方案》《强化应对气候变化行动——中国国家自主贡献》等一系列政策文件，为森林碳汇的发展提供了坚实的政策保障。2020 年，我国明确提出了“双碳”目标，充分展现了我国在应对全球气候变化方面的坚定决心和积极贡献。2022 年，习近平总书记在参加首都义务植树活动时提出“森林是水库、钱库、粮库，现在应该再加上一个‘碳库’”。这一论述进一步明确了森林在实现“双碳”目标中的时代使命，巩固了森林碳汇的重要地位。

虽然森林碳汇意义重大，但我国森林碳汇发展面临诸多挑战。我国森林资源总体分布不均，质量有待提高，可用土地资源稀缺，这些因素制约了森林碳汇的高质量发展。我国森林碳汇经营管理模式仍较为粗放，未能充分挖掘其巨大潜力。在这样的背景下，深入开展森林碳汇效率测度方法及应用研究显得尤为紧迫和重要。科学、精准地评估森林碳汇效率，能够深入了解森林碳汇的现状和潜力，为制定合理的森林经营管理策略提供有力支撑，进而推动我国森林碳汇事业的高质量发展，助力“双碳”目标的实现。本书围绕森林碳汇效率测度方法及应用展开了系统而深入的研究，内容涵盖多个重要方面，具有极高的理论与实践价值。

DEA 方法在评估森林碳汇效率中具有重要应用价值，本书详细介绍了 DEA 方法的多个关键模型，包括基于松弛变量测度的 SBM 模型、方向距离函数（direction distance function，DDF）方法、超效率评价（super efficiency evaluation）方法等，以及结合多属性决策理论的 DEA 方法。这些模型从不同角度对森林碳汇效率进行评估，各有优势，为研究提供了丰富的工具选择。为了更全面、准确地评估森林碳汇效率，本书综合运用多种方法，从多个维度进行测算森林碳汇效率。其中，单要素效率评价模型基于谢泼德距离函数，能够深入分析森林碳汇生产活动中各要素的效率值，为了解要素投入产出情况提供了细致的视角。通过测度林地面积、劳动力、资本等要素的单要素效率发现，林地面积的利用效率对森林碳汇的提升具有关键作用，其与森林碳汇效率变化呈现出显著的相似性。同时，林业固定资产投资完成额以及林业系统年末从业人员数两要素的效率值也具有一定相似性，反映出我国在森林经营过程中对资源利用的现状，表明我国森林资源利用仍存在较大的提升空间。全要素效率测度则综合考虑投入产出指标体系，测算决策单元的整体技术效率。本书利用非期望产出 SBM 模型测算效率，并结合 Malmquist 指数分析全要素生产率的动态变化。研究结果显示，我国不同区域的森林碳汇全要素效率存在显著差异。西南和华南地区凭借丰富的森林资源和良好的气候条件，森林碳汇效率位居前列；西北和华北地区由于自然环境较差或森林资源较少，森林碳汇效率较低且相对稳定；东北地区森林碳汇效率波动幅度较大。此外，通过对全要素效率指数的分解研究发现，技术进步对我国森林碳汇全要素效率的提升起到了关键作用，这为我国在森林碳汇技术研发和应用方面提供了重要的方向指引。为了避免传统 DEA 方法中自我评价可能导致的效率高估问题，本书引入了交叉效率评价方法，并创新性地利用粗糙集理论中的条件熵构建交叉效率集结模型。传统 DEA 方法基于自评思想，容易使决策单元过分夸大自身优势而回避劣势。交叉效率评价方法通过引入同行评价概念，在自评基础上选取最优权重对其他决策单元进行评价，结合同行评价和自我评价结果，使评价结果更加全面、准确。而基于粗糙集理论中的条件熵构建的交叉效率集结模型能够科学合理地反映自我评价与交叉评价之间的序关系，有效解决了交叉效率矩阵集结方式中存在的问题，提升了评估结果的准确性和差异化程度，确保了评价体系的公正性和客观性。

在森林碳汇效率的驱动因素分析方面，本书运用 PDA 模型，对森林碳汇增量进行了深入剖析。PDA 模型能够将森林碳汇增量的变化分解为技术进步、病虫害变化、碳汇效率等多个关键驱动因素，实现了对森林碳汇增量来源的精细刻画。研究发现，技术进步对森林碳汇量的提升具有显著的促进作用，尤其在东部地区，其科技创新水平高、技术投入能力强，有效推动了森林碳汇量的增长。然而，病虫害成为制约多数省（自治区、直辖市）森林碳汇量提升的重要因素，中部和西部地区受其影响较大。潜在病虫鼠害发生强度变化和森林病虫鼠害发生面积的变化率对森林碳汇量提升具有明显的抑制作用，这凸显了加强森林病虫害防治工作的紧迫性。此外，多数省（自治区、直辖市）在碳汇技术效率方面仍较为薄弱，有待进一步提高，这也对我国森林碳汇技术创新突破和管理水平提升提出了挑战。结合地理信息系统（GIS）技术和时空数据分析方法，本书对全国不同区域的森林碳汇增量进行了动态监测和比较分析，揭示了其时空演变特征。研究表明，全国森林碳汇增量呈现出动态波动的态势，中部和西部地区森林碳汇增量波动较大，东部地区森林碳汇增量相对稳定。西部地区虽然森林资源丰富，但森林碳汇增量并不高，并且重心逐渐从西南向东北转移，这种不均衡的分布特征与各地区的自然条件、经济发展水平和政策导向密切相关。这一研究成果为我国制定针对性的区域森林碳汇提升策略提供了重要依据，有助于实现区域间森林碳汇的协调发展。

在森林碳汇效率评价中，由于受到空间异质性、时间变化性以及测量仪器精度的局限性等因素的影响，相关指标数据往往难以精确获取，区间数成为更合理的表示方式。传统的 DEA 方法在处理区间数据时存在局限性，本书针对区间数据包络分析中存在的问题，提出了效率补偿机制，并构建了基于最佳生产可能集和最差生产可能集的交互式效率评价模型。本书提出的效率补偿机制通过设定相容约束条件，有效解决了区间数据决策情景下的正向及负向溢出问题，使评价结果更加准确、可靠。通过一般区间效率和基准区间之间的可能度进行定义，本书量化了评价结果的溢出度，并创新性地定义了决策单元效率的可达性，为区间标杆面的构建提供了坚实的理论基础。基于此，本书提出了一种针对区间数据的资源优化配置方法，设计了决策单元从最差生产点逐步优化至最佳生产集边界的分阶段改进计划。该方法首先依据决策单元的异质性进行合理分组，并根据其效率值进行细致分类。随后，通过综合考虑决策单元的最差和最佳生产状态精心构建多个标杆面。在分阶段改进过程中，根据每个决策单元的所属组和类型，选择合适的基准面，并利用所构建的模型精确计算每个阶段的标杆点。这一系统化的改进策略极大地提升了资源优化配置的精准性和有效性，为决策单元的持续改进和效率提升提供了明确的方向和路径。通过对中国森林碳汇资源配置区域差异的研究，本书基于区间效率评价结果，选取上海、浙江、江苏、广东、海南、云南、贵州和山东 8 个省（自治区、直辖市）作为标杆。这些标杆省（自治区、直辖市）在森林碳汇发展中各自展现出独特的经济优势、资源优势或管理优势。东部地区的北京和上海等经济发达城市由于城市化水平高，造林面积相对有限，在森林碳汇发展中面临挑战，被归类为组内改进型，需要在林业投资等方面做出重大改进。而辽宁、浙江、福建、吉林、黑龙江、广东、广西、海南和云南等森林覆盖率较高的省（自治区、直辖市）自然条件优越，在森林碳汇资源配置上具有优势，被归类为全局改进型，部分省（自治区、直辖市）如黑龙江和云南，凭借丰富的森林资源，甚至可能仅需进行少量改进就能实现较高的森林碳汇效率提升。西部地区的宁夏、青海和甘肃等省（自治区、直辖市），森林覆盖率和造林面积较低，在森林碳汇资源配置上相对劣势，需要进行大量的改进工作。但云南在西部地区是个特例，其有利的自然条件使其森林碳汇发展潜力巨大，有望带动西部地区的技术水平提升。这一研究成果为我国不同地区制定差异化的森林碳汇发展策略提供了重要参考，有助于实现全国森林碳汇资源的优化配置。

本书从生态、经济和社会三个维度选取指标，全面探讨了森林碳汇的直接和间接产出效益。通过计算森林碳汇的直接和间接交叉效率，并分析间接效率的空间溢出效应对森林碳汇直接产出的影响，研究发现我国各省（自治区、直辖市）森林碳汇的交叉效率存在显著的区域差异，并伴有明显的空间相关性。在直接产出效益方面，东部地区的交叉效率高于西北地区；在间接产出效益方面，新疆和天津的交叉效率相对较高，而北京和广西的交叉效率较低；东部沿海地区在经济维度上表现突出；浙江在社会维度上表现较突出，而黑龙江在社会维度上表现较差。进一步研究发现，我国的森林碳汇表现出显著的正向溢出效应。间接产出的交叉效率、温度和日照对当地森林碳汇产生显著负面影响，而年降水量产生正面影响。此外，年降水量、温度和日照对邻近地区产生了不利影响。生态和社会维度的交叉效率对当地森林碳汇产生显著的负面影响，而经济维度的交叉效率对当地森林碳汇产生正面影响。生态维度的交叉效率对相邻地区的森林碳汇产生正面影响，而社会维度的交叉效率对相邻地区的森林碳汇产生负面影响。然而，经济维度的交叉效率对相邻地区的森林固碳影响不显著。这些研究结果为深入理解森林碳汇的综合效益提供了全新视角，有助于全面评估森林碳汇在不同维度上的作用，为制定科学合理的森林碳汇发展政策提供了重要依据。

本书在森林碳汇效率测度方法及应用研究领域取得了丰硕的成果，为该领域的发展做出了重要贡献。从理论层面来看，本书丰富和完善了森林碳汇效率评估的理论体系，为后续研究提供了坚实的理论基础。在方法创新上，本书提出的一系列新方法和模型有效解决了现有研究中的难题，提高了森林碳汇效率评估的准确性和科学性。在实践应用方面，本书通过对中国森林碳汇的实证研究为我国森林碳汇发展提供了切实可行的政策建议和发展策略，对推动我国森林碳汇事业的发展具有重要的指导意义。

然而，森林碳汇领域的研究仍处于不断发展的阶段，本书的研究也存在一定的局限性。在数据获取方面，森林碳汇相关数据的获取难度较大，部分数据的准确性和完整性有待提高，这可能对研究结果的精确性产生一定影响。在模型构建方面，虽然考虑了多种因素，但仍可能存在一些尚未考虑到的因素，如森林年龄结构、森林生态系统的复杂性等，这些因素可能对森林碳汇效率产生重要影响。

展望未来，森林碳汇效率测度方法及应用研究具有广阔的发展前景。在效率评价方法深化与拓展方面，可进一步完善现有评价体系，纳入更多细化的指标，如生物多样性保护、土壤保持、水资源管理等，以更全面地反映森林碳汇的多功能性。结合人工智能、大数据分析等新兴技术，能够提高评价的准确性和效率，实现对森林碳汇效率的动态监测和实时评估。针对不同地区、不同林区的异质性特征，构建更加精细化的评价模型，将有助于更准确地反映不同地区森林碳汇效率的实际情况和潜在改进空间。在应用研究的深化与拓展方面，基于森林碳汇效率评价结果，为政府和相关机构提供更加科学、合理的政策建议，指导森林资源的优化配置和可持续发展。推动制定差异化的林业发展政策，根据不同地区的实际情况，提出针对性的森林碳汇增长策略，实现森林碳汇的高效发展。在森林碳汇项目管理方面，应用效率评价方法，对项目的投入产出进行实时监测和优化，提高项目的整体效益，探索森林碳汇项目的长期效益和可持续性，为项目的长期运营提供科学依据。加强生态学、经济学与管理学等学科的交叉融合，形成综合性的研究框架和方法体系，为森林碳汇效率评价提供更全面的视角和工具。

由于作者水平有限，本书观点及方法或有疏漏之处，恳请学界同仁与读者不吝指正，以便在后续研究中不断完善。

作　者

2024 年 9 月

目　　录

第1章 导 论

1.1 森林碳汇效率评价的背景与意义

全球经济的发展极大地促进了人类社会的进步，但由此带来的工业化、城镇化和资源的快速消耗给人类赖以生存的地球系统带来了巨大危害，导致全球气温上升、极端天气频发等灾害现象的发生，严重影响了经济社会的可持续发展。现如今，气候变暖趋势仍在持续，按照《巴黎协定》提出的应对全球气候变化的规划，较工业革命前，全球平均气温升高幅度应控制在2℃以内，并争取控制在1.5℃以内，而2023年的全球平均气温高出工业革命前1.48℃，接近规划界定的安全临界值，同年发布的《全球临界点报告》再次确认一些气候灾害或将加速到来。因此，世界各国必须共同肩负起应对当前和未来气候变化问题的责任和使命。作为陆地生态系统最重要的碳调节载体，森林碳汇在全球气候治理中具有独特的生态价值。通过光合作用与碳循环过程，森林系统持续吸收大气中的二氧化碳，并将其转化为有机质固定于植被和土壤层，形成从短期生物固碳到长期地质封存的多级碳库。不同纬度森林各具功能特性：热带森林凭借高生产力维持着活跃的碳捕获能力，而寒温带森林则以深厚的腐殖质层保障碳储存的稳定性。这种动态平衡不仅直接缓解温室效应加剧问题，还通过调节水汽循环、维持地表反照率等生态服务增强全球气候系统的韧性。国际气候协议已明确将森林保护纳入减排框架，其可持续管理既是稳定气候的关键自然解决方案，又是守护地球生命共同体的核心路径。

早在20世纪60年代中后期，已经展开有关森林碳汇问题的研究，但集中在森林吸收CO_2、净化空气的能力及相关计算模型等研究（张颖等，2013）。随着1997年《京都议定书》的签署，森林碳汇在减缓气候变化方面所发挥的作用才得到了国际社会的广泛认可和高度重视。相对于工业减排，森林作为天然碳库，不但能吸收CO_2，具备成本上的有效性，而且不会对经济发展速度、模式造成太大影响，并能产生多重效益，已成为各国减缓气候变化的有效途径。根据联合国粮食及农业组织2020年发布的报告，全球森林总面积达到40.6亿hm^2，覆盖了地球近1/3的土地，其碳储量占陆地碳库总量的56%，足见森林碳汇在应对气候变化中的关键作用。在此之前，《联合国气候变化框架公约》《联合国防治荒漠化公约》等多项与气候治理有关的条约在联合国框架内得到签署，体现了世界为实现人类可持续发展做出的努力。然而，由于不同国家的发展阶段和发展模式等不同，其很难达成一致的全球治理方案（杜之利等，2021），各区域组织根据国家发展状况提出相应的政策建议并取得了积极的成效。我国作为一个负责任的大国和温室气体排放量大国，一直致力于降低CO_2等温室气体排放、减缓全球气候变暖，对森林在应对气候变化中的战略地位和独特作用给予了高度关注和积极支持，先后颁布了《中国应对气候变化国家方案》《强化应对气候变化行动——中国国家自主贡献》《林业应对气候变化“十三五”行动要点》等一系列政策和文件，为森林碳汇的发展提供了基础保障，并于2020年明确提出“双碳”目标，展现了我国应对全球气候变化做出的努力和贡献。此外，2022年习近平总书记在参加首都义务植树活动时提出，“森林是水库、钱库、粮库，现在应该再加上一个‘碳库’”，赋予了森林助力实现“双碳”目标的时代使命，进一步巩固了森林碳汇的地位。而除了在气候变化中的特殊地位，森林作为重要的自然资源，更是一种具有生态属性的产品，其背后所隐藏的是生态效益、社会效益和经济效益，将生态产品中所蕴含的内在价值进行转化，对于“双碳”目标的实现具有重要意义。森林公共性、外部性等多重属性使其生态产品价值实现需要市场与政策的宏观调控手段，具体实现模式包括森林生态补偿、森林碳汇交易以及森林生态产业（杜雪莲等，2024），分别通过政府部门建立有效的生态补偿机制，通过市场交易平台使森林生态产品货币化，如中国核证自愿减排量（CCER）对碳汇进行的开发和交易，以及发展森林生态产业，如森林旅游、森林康养等，增加林农收入的同时提高资源利用率。因此，森林生态产品价值实现不仅能将资源优势转化为经济优势，还能继续发挥其作为水库、钱库、粮库和碳库的生态服务价值（刘浩和余琦殷，2022）。

中国作为世界第五大森林资源拥有国，第九次全国森林资源清查结果显示，全国共有22 045万hm^2森林，森林蓄积量达到175.6亿m^3，比第八次全国森林资源清查结果净增加24.23亿m^3。此外，中国林业科学研究院统计数据显示，中国陆地生态系统现有碳储量792亿t，森林碳储量308亿t，约占碳储量总量的39%，并推算未来10～20年森林生物量具有19亿～34亿t碳的显著固存能力，然而巨大碳汇潜力的背后是中国森林碳汇发展的粗放式经营，同时，中国森林资源总体分布不均、质量不高、可用土地资源稀缺等问题制约了森林碳汇的高质量发展。《中华人民共和国国民经济和社会发展第十四个五年规划和2035年远景目标纲要》中提出，“十四五”时期森林覆盖率要提高到24.1%。2020年，中央经济工作会议将开展大规模国土绿化行动，提升生态系统碳汇能力作为“碳达峰、碳中和”的内容纳入了“十四五”开局之年中国经济工作重点任务。森林碳汇作为中国碳汇能力的主力军，提升森林碳汇能力是实现中国碳中和的根本途径，因此森林碳汇量增长的同时必须关注增长过程中的绩效评价，构建科学的效率评价方法和指标体系，提高森林碳汇经营管理的科学性，助力“双碳”目标的实现。

效率用于描述产出与投入之间的比值关系。这一比值关系不仅体现了资源利用的有效性，还揭示了生产活动的核心目标，即在给定资源约束下实现产出的最大化。对于森林碳汇效率的度量，学者基于投入产出结构建立要素配置关系，按照非空、闭集、自由处置、不可逆性、可加性、回归性以及规模报酬可变性等对生产可能集中的配置关系进行公理性假设，构建生产函数并以此作为资源要素配置研究的理论基础（Zarrin and Brunner，2023）。从资本、土地以及人力三方面选取指标作为森林碳汇的资源投入要素，以森林碳汇量或森林蓄积量单一产出作为资源产出要素评价森林碳汇能力，而森林碳汇具有多产出效益，在单产出效率评价的基础上还需考虑森林碳汇的多维产出，从多维视角综合评价森林碳汇经营效果，为优化生态、社会、经济效益结构，制定合理的森林经营方案，充分发挥森林碳汇潜力。因此，基于森林碳汇的绩效评价，本书具体研究内容包括：单产出视角下探讨森林碳汇效率的时空演变；考虑投入产出数据的不确定性以及区域间竞合关系的森林碳汇效率评价；多产出视角下森林碳汇效益评价以及多层级指标下的森林碳汇指标体系评估。

具体研究意义如下。

(1) 本书对有关森林碳汇多方面内容进行分析，具体涉及森林碳汇的效率测度、价值实现、潜力挖掘、影响因素等多方面内容，建立了较为完善的有关森林碳汇研究的理论与方法体系。此外，研究内容涉及对方法的创新和相关理论框架的拓展，为森林碳汇理论基础的进一步深化和完善提供了新的思路和证据。

(2) 在“双碳”目标的推进过程中，森林碳汇作为一种有效解决方案得到广泛关注，但森林碳汇面对的粗放式经营模式、资源限制等问题导致森林碳汇潜力无法充分发挥，从效率评价视角出发，在有限的资源条件下提升森林资源的优化配置，对森林碳汇的潜力发挥具有重要的现实意义。

(3) 本书基于对森林碳汇的历史数据分析、现实数据研究和未来数据预测，对我国森林碳汇的整体发展状况进行了全面解析，对森林碳汇发展过程中存在的制约条件、影响因素等有了深入了解，为相关政策制度的制定提供理论依据，为森林碳汇的进一步发展指明了方向，增强了我国森林碳汇应对气候变化的能力。

1.2 研究内容

截至目前，中国的森林固碳量高达92亿t。在应对全球气候变化中，森林碳汇是目前最为经济、安全、有效的固碳增汇手段之一。为实现森林资源的优化配置与可持续发展，本书基于DEA方法与多属性群决策理论，围绕效率评价以及潜力分析两方面，提出了一系列绩效评价方法，并将理论成果运用于森林碳汇绩效评价中。

森林碳汇的发展不仅具有固碳作用，还带来丰富的经济、生态以及社会效益。因此，本书从单一维度产出以及多维度产出两方面展开相关的绩效评价研究。首先，单一维度产出视角即仅将森林碳汇量作为产出指标，其研究思路如下：基于DEA方法，从投入产出视角对森林碳汇效率进行测算，分析其时空演变规律和驱动因素，并测算其森林碳汇增长空间。而后对指标数据进行去简化处理，构建区域标杆，制定分类标准。其次，从经济、社会以及生态等方面选取多维产出指标，其研究思路如下：考虑到不同维度间，区域发展过程中同时存在竞争、合作或是中立等关系，提出了多层级复合型的交叉效率评价模型，基于该模型对中国森林碳汇展开效率评价以及空间分布研究。通过空间分布研究以及驱动因素分析，确定森林碳汇发展中的关键自然因素、政策因素、技术条件等，从社会-经济-生态三方面对产出效益指标体系进行进一步拓展。

具体研究内容如下。

1）考虑时空演变关系的森林碳汇效率评价研究

利用DEA方法，测算2013～2019年中国森林碳汇单要素及全要素生产率，构建拓展的PDA方法对森林碳汇时空变化率进行分解，探究其驱动因素，并通过灰色预测模型测算投入指标未来变化情况，给出定理说明碳汇产出增加的必要条件，并使用逆DEA模型预测碳汇增加值，增加了对我国森林碳汇的基本了解。

2）考虑区间数据决策情景下的森林碳汇效率评价研究

考虑指标数据收集中的不确定因素，将指标数据区间化，基于区间 DEA 基础，提出效率补偿机制，通过设定相容约束条件构建基于最佳和最差生产可能集的交互式效率评价模型。基于可能度理论定义决策单元效率的可达性。结合有效性和可达性定义区间标杆面。最后，将此方法应用于我国森林碳汇效率的评价，基于效率评价结果选取了 8 个省（自治区、直辖市）作为标杆，从经济优势、资源优势或管理优势方面制定了森林碳汇区域发展的分类标准。

3）考虑林区异质性的森林碳汇效率多阶段改进研究

在处理中国森林碳汇效率改进问题时，本书提出了一种结合林区异质性处理与区间数据资源优化配置的分阶段改进计划。首先，本书根据林区的地理位置、气候条件、土壤类型等异质性特征，对林区进行细致的分类和分组，并利用效率评估方法计算各林区的森林碳汇效率值。在此基础上，本书考虑了林区的最差和最佳生产状态，构建了多个标杆面，这些标杆面代表了不同林区在不同效率水平下的潜在改进空间。其次，本书根据每个林区的所属组和类型，为其选择了合适的基准面，并使用提出的模型计算了每个阶段应达到的标杆点，这些标杆点构成了分阶段改进计划的具体目标，帮助林区从最差的生产点逐步优化至最佳生产集边界。为了实施这一计划，我们为各林区制定了具体的实施策略，并建立了完善的监督与评估机制，以确保改进计划的顺利实施和持续改进。这一结合林区异质性处理与区间数据资源优化配置的方法为中国森林碳汇效率的优化提供了一种新的思路和途径。

4）考虑多维度产出效益的森林碳汇交叉效率评价以及空间分布研究

森林具有系统多功能性，从生态、经济和社会三个维度构建多层级的产出指标体系，并区分间接产出和直接产出。考虑不同产出维度下，区域竞合关系的复杂性，构建了复合策略型的多层级交叉效率评价模型，并从指标融合以及效率集结两方面提出基于条件熵的信息融合方法，建立了多层级交叉效率评价方法。最后，进一步将该方法运用于中国森林碳汇区域发展绩效评价，并对效率评价结果进一步展开空间自相关性分析、空间溢出效应等相关研究。

1.3 研究框架

本书以效率为切入点，基于 DEA 方法全方位、多角度展开对我国森林碳汇绩效的评价分析，探索碳汇投入与产出间的内在联系，丰富森林碳汇效率评价方法，为我国进一步发展与完善林业推广体系，扩大碳汇产量提供理论依据。本书共九章内容，梗概列举如下。

第 1 章引入森林碳汇的发展背景，并给出本书研究的内容与框架，以及本书撰写的意义。

第 2 章介绍森林碳汇的基础概念，并回顾关于效率评价方法以及森林碳汇评价的现有研究。

第 3 章分别介绍 DEA 的静态基础模型以及动态的效率指数，对森林碳汇效率的单要素以及全要素效率进行测度，并分析效率分布的时空演变规律。

第 4 章首先从森林碳汇系统的内部结构刻画投入、产出的驱动因素分解框架，分析森林碳汇变化率的影响因素。进一步通过生产技术效率变化趋势分析，在一定森林碳汇资源配置组合结构下，判断森林碳汇潜在增长区域，并通过构建模型测算其森林碳汇增长量。

第 5 章首先介绍区间数的基础理论和区间效率测算模型，其次考虑效率溢出的标杆设置研究，介绍单侧和双侧效率溢出的区间效率测算模型，最后以森林碳汇展开模型应用实例介绍。

第 6 章首先构建考虑异质性的多阶段区间资源优化配置模型，分别提出组内优化方案和组间优化方案，基于该模型制定对中国东部、中部以及西部地区森林资源配置改进方案，提升中国森林碳汇效率。

第 7 章介绍森林碳汇具有多维度产出效益特征，构建数据驱动下的交叉效率集结方法，考虑不同产出维度下决策单元的竞合关系，测算决策单元的交叉效率，并探讨其时空分布。

第 8 章阐述森林碳汇的联动产出效益，从社会、经济以及生态三个维度对其进行交叉评价，讨论评价结果的空间自相关效应，基于效率视角讨论不同联动效应下森林碳汇的空间溢出效应。

第 9 章为结论与展望，对本书内容进行总结，并对本书研究内容进行进一步展望。

第 2 章　研究现状回顾

2.1　森林碳汇的概念与内涵

“碳汇”一词在 1997 年签订《京都议定书》时被广为所知，该协议在日本京都由《联合国气候变化框架公约》第三次缔约方大会制定，首次将碳汇界定为从大气中清除温室气体、气溶胶或温室气体前体的任何过程、活动或机制。时至今日，碳汇聚焦于二氧化碳的封存，例如植物通过光合作用将大气中的二氧化碳固定于植被或土壤中，此现象即称为碳汇。而碳汇量代表这一过程中减少的二氧化碳的浓度。碳汇量的测度对于评估温室气体排放、管理减排目标及制定应对气候变化政策至关重要，提升碳汇量能有效缓解全球变暖的趋势。

在碳汇途径方面，海洋生态系统和陆地生态系统是主要的碳库（李勇和高岚，2021）。虽然海洋生态系统具有良好的固碳前景，但目前学术界对海洋碳汇的储存量、速率、过程机制和功能缺乏充分的认识，并且尚未建立具体的评价体系，难以对海洋碳汇进行测算和评价。[①] 相比之下，陆地生态系统更容易测量，并且具有更大的碳汇潜力。其中，森林作为陆地生态系统的主要组成部分，其年固碳量约占陆地生态系统年固碳量的 2/3，在调节气候方面具有不可替代的作用（刘国华等，2000）。森林碳汇指森林生态系统通过植物的光合作用吸收大气中的二氧化碳，并将其固定在植被和土壤中，从而减少大气中二氧化碳浓度的过程。这一过程主要侧重于森林的自然属性，即其吸收和储存碳的能力。森林碳汇的发展将有效缓解温室效应以及加快“双碳”目标的实现（付伟等，2021）。随着中国经济由高速增长转向高质量发展，提质增效已成为经济工作的主旋律。在此过程中，提高森林碳汇的质量和效率将成为林业建设深入研究的中心问题，也是区域森林碳汇发展面临的重大现实问题。

2.2　数据包络分析方法介绍

DEA 方法是一种基于线性规划的非参数效率评价方法，该方法通过构建生产前沿面，计算决策单元（decision making units，DMU）的相对效率，适用于多投入–多产出的效率评价场景。

① 见《推动海洋碳汇成为实现碳中和的新力量》，中国科学院院刊，2021 年 36 卷第 3 期，239-240 页。

2.2.1 自评视角下效率评价方法

最早，Charnes 等（1978）在规模收益不变的假设前提下，提出了经典的以投入为导向的 Charnes-Cooper-Rhodes（CCR）模型，可衡量决策单元的技术效率。随后，Banker 等（1984）在 1984 年提出，规模收益效率包括规模效率和生产技术效率，因此在 DEA 模型构建中需要规模效率的可变性，并对 CCR 模型加入凸性约束条件，建立了经典的 Banker-Charnes-Cooper（BCC）模型，可用于衡量决策单元的纯技术效率。经典的 DEA 模型允许每个决策单元在选择投入产出权重时有完全的自由度，即每个决策单元能够选择自身最偏好的权重进行自我评价，不考虑他评因素。因此，其容易致使决策单元在某些投入产出上的长处特别突出，而另一些投入产出的劣势被规避，导致效率被过高估计的情况发生。此外，经典的 DEA 模型只能将决策单元划分为有效类或低效类两大类，无法得到决策单元效率优先水平的完整排序。为了解决上述问题，部分学者对经典的 DEA 模型进行了改进和扩展，提出了一些新的 DEA 方法，现总结如下。

（1）基于松弛变量测度的 DEA 方法。Tone（2001）提出了 SBM 模型，与 CCR 模型和 BCC 模型不同，SBM 模型不仅考虑了投入和产出的等比例变化，还纳入了无效率的松弛改进，这种处理方式不仅保留了径向模型的基本框架，还通过引入松弛变量使模型能够捕捉到更多关于效率改善的细节信息。关于 SBM 模型的更多研究，可参考 Färe 和 Grosskopf（2010）、陈磊和王应明（2015）、Pham 和 Zelenyuk（2018）以及 Tone 等（2020）的研究。

（2）方向距离函数方法。方向距离函数作为一种技术工具，由 Chambers 等（1996）依托效益函数在 1996 年提出，旨在度量生产流程中要素改进的可能性。作为 DEA 方法中的重要组成部分，其通过调整方向向量，能够对 DMU 在特定导向（投入或产出导向）以及非导向型（投入和产出同时调整）效率评价中的表现进行衡量，从而在效率分析领域展现出更高的灵活性。现有的方向距离函数研究在方向选择上主要分为外生方向确定法（黄庆华等，2022）、内生方向确定法（Ramón et al.，2018）和内生与外生相结合的方向确定法（Lozano and Khezri，2021）三种方法（陈磊等，2023）。

（3）超效率评价方法。Andersen 和 Petersen（1993）在 CCR 模型的基础上进行了改进，他们在确保所有决策单元效率均小于 1 的限定条件下，将待评价的决策单元从参照集中剔除。采用超效率评价方法，可以计算出有效决策单元的效率得分大于 1，从而实现对这些有效决策单元的排序。此后，Chen（2004）、Avkiran（2011）、Lin 和 Liu（2019）等对超效率评价方法进行了更深入的研究。

（4）结合多属性决策理论的 DEA 方法。不少学者将 DEA 方法与多属性决策理论结合，如层次分析法（analytic hierarchy process，AHP）（Yang and Kuo，2003；Korpela et al.，2007）、逼近理想解排序法（technique for order preference by similarity to an ideal solution，TOPSIS）（Rakhshan，2017；杜涛等，2017；Namazi and Mohammadi，2018；Shi et al.，2019；李勇军和蔡华权，2021）、灰色关联分析法（grey relational analysis，GRA）（王洁方等，2010；Yu et al.，2021）等，提出了一系列改进方法，能够有效地对决策单元

进行排序。

2.2.2 交叉效率评价方法

传统 DEA 方法基于自评思想，从最有利于自己的角度去评价自身效率值，以确保自身效率相对最优，这就可能导致 DMU 过分夸大自身的优势而回避劣势。为了弥补以上不足，Sexton 等（1986）引入了同行评价的概念，并提出交叉效率评价方法，在自评基础上选取最优权重对其他 DMU 进行同行评价，并结合同行评价和自我评价结果对 DMU 做出交叉效率评价。Li 等（2018）认为该方法不仅继承了 DEA 在非参数和客观性方面的优势，还克服了传统 DEA 中因选择对自身最有利的权重进行效率评价而导致的效率高估问题，所以通过该方法得到的 DMU 效率的排序具有全面性。由于这些优势，交叉效率评价方法被广泛应用在足球运动员排名（Oukil and Govindaluri，2017）、可持续性采购评价（Hatami-Marbini et al.，2017）、投资组合选择（Essid et al.，2018）、股票选择（Amin and Oukil，2019）、能源效率评价（Yang and Wei，2019）、银行绩效评价等领域（Kao and Liu，2019）。

近年来，交叉效率评价方法的研究工作主要从两方面展开。一方面主要关注交叉效率矩阵的构建策略。由于传统的自我评价模型中存在评价权重不唯一的问题，Doyle 和 Green（1994）从宽容和激进两个视角构建了宽容和激进交叉效率评价模型。Liang 等（2008）用博弈理论来说明同行评价中决策单元的关系，认为应保证同行评价结果在一定的范围内，计算自身的最优自评效率，并证明了双方在博弈交叉评价过程中可以达到纳什均衡。Wang 和 Chin（2010a）认为在一些决策环境下，决策单元并不关注同行评价结果，不存在竞争或合作的关系，基于此他提出了在同行评价过程中可以最大化自身每个产出的最小效率来给予同行评价的权重。杨锋等（2011）则认为决策单元如果在进行同行评价时能够同时考虑竞争和合作的关系，则可以得到更好的评价结果，因此他们构建了竞合型的交叉效率评价模型。李春好和苏航（2013）从效率的管理学概念和交叉评价策略出发，引入让步因子，提出 DEA 全局协调相对测度模型。Wu 等（2016a）将每个决策单元的期望效率和非期望效率作为参照，针对不同的目标函数建立二次规划模型得到决策单元的交叉效率。Wu 等（2016b）提出一种迭代算法，使在有限次的迭代过程中交叉效率的权重分配达到帕累托最优。范建平等（2017）考虑决策单元的异质性关系，建立群组交叉效率模型，并将群组间的交叉效率进行有效集结，这使分析结果既能达到群组内共优的效果，又考虑了决策单元之间的异质性。大多数关于交叉效率的评估研究集中在单阶段系统或黑箱上，而未考虑其内部结构。而一个系统通常由多个相互依赖工作的子系统组成，因此，Kao 和 Liu（2019）将交叉效率评估的思想应用于串并联网络系统的两阶段结构中。他们提出的模型可以将系统的交叉效率度量分解为串联结构的乘除法和并联结构中各部分交叉效率的加权平均值。Örkcü 等（2019）将 Wang 等（2011）提出的无偏交叉效率方法扩展到两阶段。他们提出的模型可以对决策单元的每个阶段进行排名，并将系统交叉效率分解为部门效率的乘积。Lin 和 Tu（2021）使用方向距离函数扩展了串联和并联结构的交叉效率模型。在他们提出的模型中，系统交叉效率可以分解为串联和并联系统各部门交叉效率得分的加权平均值。Liu P 等（2022）扩展了并联系统的交叉效率评模型。首先，他们开发了并联系统及其生产单元的自我评估模型，其次，他们应用无偏交叉效率模型来解决在激进模型和仁慈模型之间选择的问题，并减少了零输出权重的数量。Maryam 和 Ali（2024）提出了一种基于妥协规划的方法，通过估算各阶段的效率获得系统的整体效率，并利用最优解来评估交叉效率，从而实现对决策单元及其各个阶段的效率进行精确排序。Liu 等（2024）在后悔理论的框架下开发了一种交叉效率方法，以评估不同投资组合模型在不同时期获得的能源股票投资组合绩效，进而为能源股票投资组合选择提供科学的投资方案。

另一方面主要关注交叉效率矩阵的集结方式。决策单元的最终交叉效率需要综合考虑自我评价和同行评价，因此需要对交叉效率矩阵提出合理的集结方案。而关于交叉效率的集结方法，大多数研究均采用相加平均的方式进行集结，但该方式不考虑决策单元之间的差异，而对所有决策单元赋予相同的权重，这导致大量决策信息的遗失，缺乏合理性（Wu et al.，2012）。基于此，学者从不同角度提出了相应的集结方案。Liang 等（2008）根据合作博弈模型中决策单元的竞争和合作的关系，利用相应的 Sharpley 值对决策单元赋予权重。Yang 等（2013）根据证据推理的原理，将交叉效率矩阵的每列转换成证据并对其进行集结。Song 等（2017）根据熵权法，在集结过程中，通过迭代对决策单元的最终交叉效率进行改进，使其尽量最优。Wang 和 Chin（2010b）通过设定不同的目标函数对决策单元的交叉效率矩阵进行集结。不仅如此，Wang 和 Chin（2011）首次引入有序加权平均算子（OWA）来衡量主观偏好对效率集结的影响。León 等（2014）考虑到所有的集结方案必须在同一标准下进行，即对不同决策单元集结时，其集结方案必须是统一的，提出了广义加权评价算子对决策单元赋予统一的公共权重。胡庆红和王应明（2014）根据各种交叉效率模型各有利弊的前提提出了综合仁慈型、对抗型、中立型等 9 个交叉效率模型评价结果的思想，引入信息熵的定义来计算各个模型的区分度，基于区分度越高的模型越重要的原则来分配集结权重。该方法能够在一定程度上平衡各模型的不足，使最终求得的效率值以及排名更加客观与科学。刘鹏等（2019）提出了基于“专家打分法”的交叉效率矩阵集结方法，将交叉效率矩阵视为“专家”（评价决策单元）对被评价对象（被评价决策单元）的“打分”矩阵，根据“专家”与其他“专家”对被评价对象的“打分”越一致，其权威性越高的原则，设置交叉效率矩阵的集结权重。但他们的研究并没有考虑决策者的主观偏好，为了强调主观偏好在集结过程中的重要性，陈磊和王应明（2018）引入前景理论来描述决策者在集结过程中面临收益和损失时的主观偏好，从而构造了一种新的集结交叉效率矩阵的方法。根据心理期望与集结结果之间的差异，不断调整期望值，直到对集结结果达成共识，最终得到的集结结果更能被所有 DMU 接受。程幼明等（2021）发现了交叉评价问题实际上是一个群决策问题，将所有 DMU 的自评权重（个体偏好）集结为群权重（群偏好），综合测算了统一群权重下的交叉效率。梅鑫南和王应明（2002）基于前景理论考虑 DMU 的风险偏好，通过构建最大化前景价值模型确定交叉效率矩阵的集结权重。Song 等（2024）基于模糊包络的 α 水平来确定模糊交叉效率，通过基于交叉效率水平的最大共识模型确定决策者的权重，并基于集体模糊交叉效率对备选方案进行排序。Song 等（2023）创建了一个基于 DEA 的群体决策（GDM）框架，该框架解决了多粒度犹豫语言信息，解释了 GDM 中的非理性行为。然而，许多 DEA 方法将模糊信息简化为精确的数字，导致信息丢失。为了解决这个问题，Huang 和 Wang（2024）开发了一个模糊 DEA 交叉效率模型，通过将信息转换为区间来保留模糊性。

2.2.3 资源优化配置研究

在 Charnes 等（1978）提出 CCR 模型之后，Golany 等（1993）基于 DEA 中的有效概念，将 DEA 模型应用于资源优化配置领域。学者将生产可能集中的有效 DMU 构成的帕累托有效边界作为资源优化配置的标杆面，将 DMU 在帕累托有效边界的投影点作为资源优化配置的标杆点。后续的研究大多是以生产可能集边界为改进目标，寻求资源优化配置方案。例如，相关学者分别根据指标类型和专家偏好，提出两种资源优化配置模型（Ruiz and Sirvent，2019；Ruiz et al.，2015）。Tao 等（2022）则改变了生产可能集的凸性假设，在非凸生产可能集的情况下识别有效 DMU，并以此为目标进行资源优化配置。并且 Tao 等（2023）还结合方向距离函数和情景依赖数据包络分析（context-dependent data envelopment analysis，CD-DEA）制定帕累托有效和仿射不变的标杆点。Borrás 等（2024）则在决策者指定同行候选人的基础上进行资源优化配置研究，并分别在跨越生产可能集强有效边界和放宽生产可能集凸性约束的情况下提出两种资源优化配置方法。Xiong 等（2024）基于经典微观经济学理论提出一种具有准凸生产函数性质的可变规模报酬 DEA 模型，并通过刻画拟凸超平面进行 DMU 的标杆点计算。

但是在研究的过程中学者发现有部分 DMU 距离生产可能集边界非常远，得出的目标点对它们来说过于不切实际，模型得出的资源优化配置方案不具备可达性。目前，该问题有两种解决思路。一种是通过各种方法减少 DMU 达到生产可能集边界所需要改进的程度，提高资源优化配置方案的可达性。例如，Soltani 和 Lozano（2018）通过引入效率潜力概念计算 DMU 在减少输入或增加输出情况下的最小效率潜力，并以此为基础减少 DMU 改进到标杆的难度。而 Lozano 等（2019）则引入博弈论并提出相应 DEA 模型，以计算 DMU 的最优标杆，降低改进难度。Cook 等（2019）依据绩效支付激励计划对 DEA 标杆管理模型进行扩展，使其设定的目标在改进过程中具备可达性。Monge 和 Ruiz（2023）提出了一种缓解 DEA 凸性假设的资源优化配置方法，该方法通过一种双层线性规划模型基于非支配性要求的参考集设定 DMU 的标杆，与传统方法相比，该方法将 DMU 改进到标杆点的难度降低了约 40%。Rezaee 等（2024）提出了一种结合人工智能（AI）的 DEA 模型，借助 AI 降低 DMU 改进到标杆点的难度。而另一种则是将资源配置优化过程划分为多个阶段，设定了多个具备可达性的短期目标，使 DMU 通过逐步改进的方式提高资源优化配置方案的可达性。例如，Ramón 等（2018）提出了一种两阶段标杆管理模型，为 DMU 设定中间目标，提升资源优化配置方案的可达性。Cheng 等（2021）基于三阶段 DEA 模型提出了一种基于效率变化向量的聚类分析技术，为表现不佳的 DMU 提供各个改进阶段的标杆点。Roudabr 等（2022）通过 SBM 网络 DEA 模型构造四级结构，提出了计算 DMU 多阶段标杆点的方法。

近年来，DEA 资源优化配置模型被广泛应用于各个领域。在教育领域，Xiao 等（2024）通过分层网络 DEA 以部分高等院校为研究对象进行效率测度，并提出了资源优化配置策略。王楚君等（2020）基于网络 DEA 对中国研究型大学展开研究，提出了系统内部优化资源配置改进效率的方法。在经济领域，柳江和霍治方（2020）基于 PCA-SE_DEA-Malmquist 组合模型，通过标杆管理的方式为甘肃省县域制定提升经济效率的路径。在环境科学领域，2023 年，Sala 等（2023）通过 DEA 资源优化配置模型计算智利自来水公司的标杆点，为自来水监管提供决策依据。在次年，Sala-Garrid 等（2024）还对污水处理厂的能源绩效进行了评价，并使用 DEA 资源优化配置模型为各个污水处理厂设定改进标杆点。

2.2.4 区间数据包络分析研究

当输入输出数据以区间数据形式呈现时，传统的 DEA 方法无法解决效率评估中数据存在的不确定性问题。Cooper 等（1999）于 1999 年首次提出了区间 DEA 模型。随后，学者针对 DEA 模型在区间数据中的应用展开了一系列理论研究。在区间 DEA 模型中，DMU 使用最小投入实现最大产出时，该点代表 DMU 的最佳生产点。所有 DMU 的最佳生产点构成了最佳生产可能集。相反，DMU 使用最大投入实现最小产出时，该点代表 DMU 的最差生产点。所有 DMU 的最差生产点构成了最差生产可能集。基于该理念，学者提出了针对最佳和最差生产可能集的效率计算模型，从每个生产可能集中得出的有效生产点构成了相应的有效前沿面（Despotis and Smirlis，2002；Wang et al.，2005a；Huang and Wang，2017）。最佳和最差生产可能集的定义和效率测度模型是区间 DEA 理论的基础。

目前，区间 DEA 研究主要有两个方向：一是基于双边生产可能集的区间效率测度。学者提出了区间效率评估模型，利用最佳和最差生产可能集作为评估参考集，得到最大区间效率评估值，并讨论了各种模型的区间敏感性问题（Jahanshahloo et al.，2004，2009）。二是基于统一生产可能集的区间效率测度。通过优化整体效率并考虑决策者偏好信息的似然排序方法调整区间效率的宽度，以解决区间效率的完全排序问题（Wang et al.，2005a；Huang and Wang，2017；Xu et al.，2010）。

在林业碳汇领域，气候变化和生态环境的波动使相关数据的呈现形式是区间数而非精确值。因此，有部分学者将区间 DEA 引入林业碳汇领域。2022 年，Huang 等（2022）使用基于区间数据的交叉效率评估模型来评估中国当前森林碳汇区的发展。次年，Huang 等（2023）基于区间数据构建标杆，将其用于评估中国森林固碳效率，为中国森林绩效管理的发展路径提供了决策依据。Chen 等（2024）改进了区间交叉效率模型的聚集方法，并将其用于评估中国各省（自治区、直辖市）森林固碳的交叉效率。

2.3 森林碳汇评价研究

2.3.1 森林碳汇指标体系构建

当前学者主要从微观、中观、宏观多个层次展开森林碳汇的研究，在统计研究中，指标体系的全面性和层次结构的合理性直接影响评价结果的好坏。构建投入产出指标体系是测量森林碳汇效率的前提，学者基于不同的角度对森林碳汇投入产出指标体系进行构建。在现有文献中，森林碳汇的投入指标主要依据生产三要素选取，即从资金、土地、人力三方面来选取（Wei and Shen，2022；Wang et al.，2022）。对于产出指标的选取，大部分学者仅考虑了森林碳汇量（Wei and Shen，2022；Wang et al.，2022；舒明远等，2022；龙飞等，2013），忽略了森林在生态、经济、社会方面的多重产出效益。在生态方面，森林不仅有助于生物多样性的保护，更是应对气候变化、涵养水源的重要力量。齐林和周小林（2018）认为森林面积的扩大和森林碳蓄积量的增加与森林碳汇活动密切相关，将造林面积、森林蓄积以及森林碳储量共同纳入森林碳汇的产出体系。从经济角度来看，林业产业的发展将森林资源转化为经济价值，促进了我国经济的发展。薛龙飞等（2016）和 Yin 等（2022）考虑了森林碳汇的经济效益，将林业总产值和固碳价值作为产出，运用 Malmquist 模型测算了四大林区的森林碳汇效率。同时，森林在社会方面也发挥着积极作用，为人们提供了休闲放松的场所，促进森林旅游的发展，并创造了众多就业机会（张颖等，2022）。何霄（2023）提出，森林碳汇的社会指标可以从森林旅游方面选择，选取了森林公园的多个相关指标作为森林碳汇在社会维度的产出指标。此外，Lin 和 Ge（2019）进一步考虑了森林碳汇的非期望产出二氧化碳排放量，为进一步完善森林碳汇的产出指标提供了一定思路。

2.3.2 森林碳汇效率测度研究

“效率”的概念最早由 Farrell 提出，即在给定资源约束下实现产出的最大化，是基于投入和产出的经济行为过程评价。关于森林碳汇效率测度，主要有两种方法，即通过设定具体参数的随机前沿分析（SFA）和无须设定参数的 DEA。DEA 不需要预先设定生产函数的形式，而是通过线性规划方法直接从数据中推导出效率前沿面，避免了错误假设导致的偏差，并且对数据要求相对较低，方法较为灵活。现有研究方法选择上包括利用基础的 CCR、BCC、SBM 等方法测算静态的技术效率（Song et al. , 2020；Młynarski et al.，2021；Wei and Shen. , 2022；Liu Set al.，2022；Shah et al.，2023）、规模效率（Lu et al.，2023；Li et al.，2023），同时注意到生产力会随着时间的推移而变动，为了捕捉这种动态变动，利用 Malmquist 指数分析效率的动态演进（Lin et al.，2021；Yin et al.，2022；Chen et al.，2023；宋美琼等，2022）。此外，为实现研究的综合性和全面性，有学者将静态评价和动态分析结合，展开对森林碳汇的研究。姚仁福等（2021）基于 1999 ~ 2018 年的林业发展数据，采用森林蓄积量扩展法和 DEA-Malmquist 法实证分析了中国 29 个省（自治区、直辖市）森林碳汇静态效率和动态演进过程。Li 等（2023）利用 CCR 和 Malmquist 指数法测算静态、动态效率。Lin 和 Ge（2019）将森林碳汇作为理想产出来衡量生态发展，用林业产值来评价经济发展，采用 SBM 方法和 Malmquist-Luenberger 指数来衡量中国 30 个地区林业生产力的静态效率和动态变化。以上碳汇效率的测度方法均为全要素效率测度决策单元整体的技术效率，难以了解单个要素的效率值，因此可以考虑利用计算单要素效率测度的谢泼德距离函数，实现对森林碳汇投入产出过程中各要素的效率测算。

2.3.3 森林碳汇空间分布研究

森林碳汇是吸收并固定空气中的二氧化碳的过程，而空气具有流通性，因此森林碳汇可能存在一定的空间效应，从空间视角探讨森林碳汇的发展是一个重要的研究方向。由于经济发展和自然资源禀赋的差异，中国各省（自治区、直辖市）的森林碳汇量存在较大的差异性，西南林区和东北林区的森林碳汇量较高（薛龙飞等，2018），其中，西南林区的碳密度最高，并且其碳储量和碳储密度的增长速度均快于东北林区（Qiu et al.，2020）。

由于各地区之间的森林碳汇发展可能存在相关性，学者利用莫兰指数探究了森林碳汇量的空间聚集效应（刘凯等，2015），发现森林碳汇在空间上具有自相关性，因此进一步对森林碳汇的空间分布特征和影响因素进行研究。薛龙飞等（2017）利用空间滞后模型（SLM），付伟等（2023）利用空间杜宾模型（SDM），分析了我国森林碳汇的空间溢出效应，并得出了我国森林碳汇具有正向空间溢出效应的结论；杜之利等（2021）进一步扩大研究范围，从全球的视角进行研究，发现其他国家会间接对我国的森林碳汇发展产生负面影响，为我国与其他国家共同制定碳汇发展政策提供理论支持，协调促进森林碳汇的发展。而另一部分学者基于效率视角，研究了森林碳汇效率的空间溢出效应，Yin 等（2022）以森林碳汇效率为被解释变量进行空间回归，探究各影响因素对森林碳汇效率的影响程度及方向。

2.3.4 森林碳汇影响因素研究

不同地区间森林碳汇存在差异的原因主要是地区自然资源禀赋不同，从森林资源空间分布来看，我国森林资源主要分布于东北和西南地区，相应地，两地区森林碳汇资源也尤为丰富（薛龙飞等，2016），但在自然资源相似的地区同样存在着森林碳汇差异较大的现象，因此除自然资源禀赋外，森林生态系统作为自然生态系统中的一部分，必然会受到多因素的影响。森林生态系统作为多产出系统，同时兼具经济、社会以及生态属性。森林公共性、外部性等多重属性使其生态产品价值实现需要市场与政策的宏观调控手段，具体实现模式包括森林生态补偿、森林碳汇交易以及森林生态产业（杜雪莲等，2024）。学者分别考虑碳汇价格、林业碳汇项目开发等经济因素展开分析。李艳梅等（2017）基于不同的碳汇价格，对西藏林业碳汇的经济价值进行了核算，认为市场方面应尽快开发林业碳汇项目，促进从“生态价值”到“经济价值”的转变。张倩等（2023）从“森林资源 - 碳市场 - 社会经济”系统视角审视森林资源子系统、碳市场子系统、社会经济子系统三者之间的相互作用关系，探究林业碳汇价值实现路径及影响因素，指出目前林业碳汇价值实现面临林业碳汇产权界定不清晰、碳汇项目开展门槛过高、政策扶持不足等问题。关于生态方面的影响因素包括立地条件、森林病虫鼠害、森林火灾、生物量等因素（杜之利等，2021；Wang et al.，2019；Zhang et al.，2024；Xu et al.，2022）。吴胜男等（2015）运用 VAR 模型，以陕西省为例，构建了森林植被碳储量与病虫害发生面积、木材产量、森林火灾面积、森林抚育面积、人工更新造林面积、降水和温度之间的动态关系。社会因素方面，主要从地区城镇化率、经济发展水平、财政支出、森林管理等因素展开。谭少鹏（2022）采用邻接空间权重矩阵建立面板空间计量模型，探究林业绿色全要素生产率的影响因素，结果表明产业发达程度、宏观经济发展水平、环境规制与林业绿色全要素生产率之间存在正相关关系。

2.4 本章小结

本章对森林碳汇效率及其评价方法的研究现状进行了全面且细致的回顾，主要涵盖森林碳汇的概念与内涵、DEA 方法介绍以及森林碳汇评价研究三方面。

（1）森林碳汇的概念与内涵。本章首先介绍碳汇及森林碳汇的概念与内涵。碳汇作为一个重要术语，在《京都议定书》中被广泛认知，其核心理念是从大气中清除温室气体，特别是二氧化碳。这一过程在森林生态系统中尤为显著，森林通过光合作用将大气中的二氧化碳固定于植被和土壤中，展现出巨大的碳汇潜力。作为陆地生态系统的主要部分，森林在调节气候、缓解温室效应方面发挥着不可替代的作用。当前，随着中国经济高质量发展的需求，提高森林碳汇的质量和效率已成为林业建设深入研究的中心问题，对于推动“双碳”目标的实现具有重要意义。

（2）DEA 方法介绍。DEA 方法作为一种非参数的效率评价方法，在评估森林碳汇效率时具有重要应用价值。本章详细介绍 DEA 方法的几个关键模型的研究现状，包括 SBM 模型、方向距离函数方法、超效率评价方法以及结合多属性决策理论的 DEA 方法。此外，本章探讨交叉效率评价方法，该方法通过引入同行评价的概念弥补传统 DEA 方法中可能存在的效率高估问题，提高评价结果的全面性和准确性。近年来，交叉效率评价方法在多个领域得到了广泛应用，特别是在处理具有复杂关系和多重产出的决策单元时展现出独特的优势。在林业碳汇领域，随着相关数据的复杂性和不确定性增加，区间 DEA 方法逐渐成为研究热点，为评估森林碳汇效率提供了新的视角和工具。

（3）森林碳汇评价研究。森林碳汇评价研究是当前学术界和实践界关注的热点。本章从森林碳汇指标体系构建、效率测度研究、空间分布研究以及影响因素研究四方面进行综述。在指标体系构建方面，学者从微观、中观、宏观多个层次展开研究，强调投入指标和产出指标的全面性和层次结构的合理性。在效率测度研究方面，DEA 方法因其灵活性和客观性而被广泛应用，同时结合 Malmquist 指数法等方法实现了对森林碳汇效率的静态和动态分析。在空间分布研究方面，学者利用空间计量模型分析了我国森林碳汇的空间溢出效应，揭示了不同地区间森林碳汇的相互影响。在影响因素研究方面，除了自然资源禀赋外，还考虑了经济、社会、政策等多种因素的综合影响，为制定针对性的森林碳汇发展政策提供了理论支持。

综上所述，本章全面回顾森林碳汇效率及其评价方法的研究现状，展现当前研究的多元化和精细化趋势。

第3章 森林碳汇要素效率测度及时空演变分析研究

3.1 DEA生产可能集的公理体系

在数理经济学的研究中，为了研究经济系统的结构，往往需要引进一些公理，设生产可能集为 $T=\{(X, Y) \mid$ 投入 $X \in E_{+}^{m}$，可产出 $Y \in E_{+}^{s}\}$。关于生产可能集有如下公理（Banker et al.，1984；Yu et al.，1996）：

公理1（平凡性公理）：$(X_j, Y_j) \in T$，$j=1, 2, \cdots, n$。

公理2（凸性公理）：若 $(X, Y) \in T$，$(\hat{X}, \hat{Y}) \in T$，$\alpha \in [0, 1]$，则 $\alpha(X, Y)+(1-\alpha)(\hat{X}, \hat{Y}) \in T$。

公理3（无效性公理）（经济学中称为自由处置性公理）：若 $(X, Y) \in T$，$\hat{X} \geqslant X$，$\hat{Y} \leqslant Y$，则 $(\hat{X}, \hat{Y}) \in T$。

公理4a（锥性公理）（经济学中称为规模收益不变）：若 $(X, Y) \in T$，$\alpha \in [0, +\infty)$，则 $\alpha(X, Y)=(\alpha X, \alpha Y) \in T$。

公理4b（收缩性公理）（经济学中称为非递增的规模收益）：若 $(X, Y) \in T$，$\alpha \in [0, 1]$，则 $\alpha(X, Y)=(\alpha X, \alpha Y) \in T$。

公理4c（扩张性公理）（经济学中称为非递减的规模收益）：若 $(X, Y) \in T$，$\alpha \geqslant 1$，则 $\alpha(X, Y)=(\alpha X, \alpha Y) \in T$。

公理5（最小性公理）：T 是所有满足公理1～3，或者公理1～3以及公理4a、4b和4c三者之一的所有集合的交集。

相对应的满足公理1～3、公理4a和公理5的 C^2R 模型的生产可能集 T_{C^2R} 由式(3-1)唯一确定：

$$T_{C^2R}=\left\{(X,Y) \,\middle|\, \sum_{j=1}^{n} X_j\lambda_j \leqslant X, \sum_{j=1}^{n} Y_j\lambda_j \geqslant Y, \lambda_j \geqslant 0, j=1,\cdots,n\right\} \tag{3-1}$$

满足公理1～3和公理5的 BC^2 模型的生产可能集 T_{BC^2} 由式（3-2）唯一确定：

$$T_{BC^2}=\left\{(X,Y) \,\middle|\, \sum_{j=1}^{n} X_j\lambda_j \leqslant X, \sum_{j=1}^{n} Y_j\lambda_j \geqslant Y, \sum_{j=1}^{n} \lambda_j = 1, \lambda_j \geqslant 0, j=1,\cdots,n\right\} \tag{3-2}$$

满足公理1～3、公理4b和公理5的FG模型的生产可能集：

$$T_{FG}=\left\{(X,Y) \,\middle|\, \sum_{j=1}^{n} X_j\lambda_j \leqslant X, \sum_{j=1}^{n} Y_j\lambda_j \geqslant Y, \sum_{j=1}^{n} \lambda_j \leqslant 1, \lambda_j \geqslant 0, j=1,\cdots,n\right\} \tag{3-3}$$

满足公理1～3、公理4c和公理5的ST模型的生产可能集：

$$T_{\mathrm{ST}}=\left\{(X,Y)\;\middle|\;\sum_{j=1}^{n}X_j\lambda_j\leqslant X,\sum_{j=1}^{n}Y_j\lambda_j\geqslant Y,\sum_{j=1}^{n}\lambda_j\geqslant 1,\lambda_j\geqslant 0,j=1,\cdots,n\right\}\qquad(3\text{-}4)$$

3.2 森林碳汇单要素效率时空演变特征分析研究

单要素效率是指在既定的技术水平、产出和除被测要素以外的其他要素投入量保持不变的条件下，被测要素可以达到的潜在最小化投入量与实际要素的投入量之比。单要素效率越高，表明要素投入量与潜在最小要素投入量的差距越小，要素的使用效率就越高，可节约的空间也就较小；单要素效率越低，表明要素投入量与潜在最小要素投入量的差距越大。该方法因能评价多要素中单一要素的效率而对要素效率评价结果更具针对性，其中基础的单要素效率评价模型为谢泼德距离函数。

3.2.1 单要素效率评价模型

距离函数定义在生产技术集基础上，为了构造距离函数，首先要定义一个生产技术集。考虑森林碳汇生产活动中涉及的投入产出要素，研究共有 31 个 DMU，$j=1$，2，…，$n(n=31)$，每个 DMU 的投入要素考虑传统的土地（N）、劳动力（L）、资本（K），分别以林地面积、林业系统年末从业人员数以及林业固定资产投资完成额表示，将森林碳汇量作为期望产出（C），森林病虫鼠害发生面积作为非期望产出（P），则生产技术可以表示为

$$T=\{(N,L,K,C,P):(N,L,K)\text{可以产出}(C,P)\}$$

实际生产过程通常具有两个共同的特征，为了更合理地模拟生产过程，Färe 等（1989）引入了以下两个假设。

若$(N_j,\ L_j,\ K_j,\ C_j,\ P_j)\in T_j$ 且 $0\leqslant\theta\leqslant1$，则$(N_j,\ L_j,\ K_j,\ \theta C_j,\ \theta P_j)\in T_j$，如果要减少非期望产出，那么期望产出也必须减少，即输出是弱可处置性的。

若$(N_j,\ L_j,\ K_j,\ C_j,\ P_j)\in T_j$ 且 $P=0$，则 $C=0$，即除非停止生产，否则无法消除非期望产出。

在这两个假设下，DMU_j 的生产技术可以定义为

$$T_j=\{(N_j,L_j,K_j,C_j,P_j):$$

$$\text{s. t.}\begin{cases}\sum\limits_{j}^{n}\lambda_j N_j\leqslant N\\ \sum\limits_{j}^{n}\lambda_j L_j\leqslant L\\ \sum\limits_{j}^{n}\lambda_j K_j\leqslant K\\ \sum\limits_{j}^{n}\lambda_j C_j\geqslant C\\ \sum\limits_{j}^{n}\lambda_j P_j=P\\ \lambda_j\geqslant 0,j=1,\cdots,n\end{cases}\qquad(3\text{-}5)$$

基于该生产技术可以定义如下投入导向和产出导向的谢泼德距离函数：

$$D_N(N,L,K,C,P)=\sup\{\lambda:(N/\lambda,L,K,C,P)\}\in T \tag{3-6}$$

$$D_C(N,L,K,C,P)=\inf\{\beta:(N,L,K,C/\beta,P)\}\in T \tag{3-7}$$

根据谢泼德距离函数的定义，以碳汇为例，C/D_C 表示最优的森林碳汇产出量，而碳汇产出效率被定义为实际的森林碳汇产出与最优的碳汇产出量的比值，因此森林碳汇效率可由谢泼德距离函数表示为

$$E_C=\frac{C}{C/D_C(N,L,K,C,P)}=D_C(N,L,K,C,P) \tag{3-8}$$

森林碳汇效率与谢泼德距离函数值为倒数关系。效率的取值范围是(0，1)，当且仅当 $D_C(N, L, K, C, P)=1$，即被观测点位于生产前沿上时，碳汇产出效率取值为 1。

根据谢泼德距离函数和生产技术，计算每个要素的单要素效率测度结果，共需计算 5 个谢泼德距离函数，以碳汇量产出和林地面积投入为例，具体计算的线性规划式如下：

$$[D_C(N_i,L_i,K_i,C_i,P_i)]^{-1}=\max\theta$$

$$\text{s. t.}\begin{cases}\sum_{i=1}^{n} z_i N_i \leqslant N_o\\ \sum_{i=1}^{n} z_i L_i \leqslant L_o\\ \sum_{i=1}^{n} z_i K_i \leqslant K_o\\ \sum_{i=1}^{n} z_i C_i \geqslant \theta C_o\\ \sum_{i=1}^{n} z_i P_i = P_o\\ z_i \geqslant 0, i=1,\cdots,n\end{cases} \tag{3-9}$$

$$[D_N(N_i,L_i,K_i,C_i,P_i)]^{-1}=\min\beta$$

$$\text{s. t.}\begin{cases}\sum_{i=1}^{n} z_i N_i \leqslant \beta N_o\\ \sum_{i=1}^{n} z_i L_i \leqslant L_o\\ \sum_{i=1}^{n} z_i K_i \leqslant K_o\\ \sum_{i=1}^{n} z_i C_i \geqslant C_o\\ \sum_{i=1}^{n} z_i P_i = P_o\\ z_i \geqslant 0, i=1,\cdots,n\end{cases} \tag{3-10}$$

3.2.2 森林碳汇单要素效率测度

本研究以2010～2021年我国31个省（自治区、直辖市）为研究对象，利用谢泼德距离函数测算各单要素的当期效率，评估各要素的谢泼德效率均值以及2021年各DMU的谢泼德单要素效率，了解其在森林碳汇投入产出过程中的资源利用情况，明确其资源优化路径。

由图3-1可知，各要素谢泼德效率均值的变化情况，其中要素N与要素C的谢泼德效率均值变化情况相似，主要原因可能是林地面积作为森林碳汇产生的主要提供者，林地面积利用效率越高表明森林碳汇产量越大，曲线整体均表现为先下降后缓慢上升保持平稳。另外，可以看到，从2019年开始这两个要素的谢泼德效率均值均呈下降趋势，并且其余要素的谢泼德效率均值均在2019年开始下降，主要原因可能为受环境和宏观经济的影响，要素经营管理水平下降，从而导致利用率受到影响。要素K和要素L的谢泼德效率均值变化趋势也表现出相似性，两个要素的谢泼德效率均值在2010～2014年整体呈下降趋势，并且2010年谢泼德效率均值在研究时期达到最高，2014年后谢泼德效率均值波动式上升，但均与2010年存在一定差距，要素K和要素L作为森林经营过程中重要的外部投入要素，其效率在极大程度上反映了我国森林资源的利用情况，进一步表明近年来我国森林碳汇经营过程中资源要素的利用情况仍存在提升空间。要素P作为我国森林碳汇经营过程中可人为提前预防控制的非期望产出，其发生效率的大小在一定程度上反映了我国对森林灾害的预防控制情况，由表3-1可知，要素P的谢泼德效率均值在5个要素中整体排名最低，在2010～2015年呈上升趋势，在2015～2018年逐年下降，主要原因可能是我国森林树种多样性降低，林业系统对病虫鼠害的抵御能力下降，此外，早期对病虫鼠害对森林碳汇造成的危害认识不足，重点关注森林经营过程中发生的森林火灾。

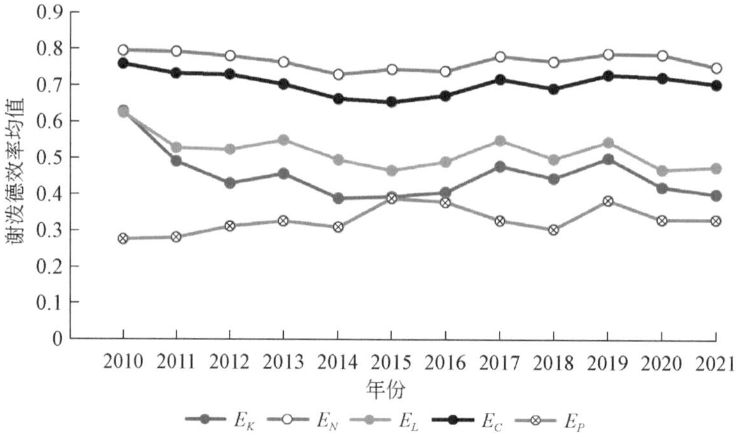

图3-1　2010～2021年各要素的谢泼德效率均值

由表3-1可知，从地区来看，2021年5个要素的谢泼德效率表现均较好的地区有天津、浙江、江西、山东、海南、重庆、云南、宁夏、西藏，综合这些地区的情况，一方面，可能是因为部分地区的林业是当地的重要产业，地区重视对森林资源的经营和管理；另一方面，一些地区的森林资源较为丰富且经济发展水平较高，能够提供充沛的资源和技术投入。从单要素来看，要素 K 和要素 L 的谢泼德效率表现最差的地区均为北京，与最佳前沿存在较大的差距，出现此现象的原因可能是森林资源增长空间愈发有限，造林难度加大，影响森林资源固定资产的投入。在林业人员投入方面，北京作为我国首都，以发展经济为重心，在我国经济中占据重要地位，人员流入以经济发展为主，很难实现向林业人才的转移，并且北京较少的资源导致相关部门减弱了对林业人员的引入。对于要素 N 和要素 C，谢泼德效率最低的省（自治区、直辖市）均为青海，谢泼德效率分别为 0.1470 和 0.0195，青海地区的森林资源和经济发展相对于其他地区均存在一定的差距，一方面是由于青海经济发展起步较晚，另一方面是青海地理位置偏远，对经济发展速度和森林资源开发经营均产生了一定的限制，另外，青海地处高原，气候条件也较为恶劣，给森林资源的生长带来了挑战，使林地面积投入方面的措施相对不足，导致森林资源未能得到有效保护和合理利用，限制了森林碳汇量的产出效率。

表 3-1　2021 年各要素当期谢泼德效率

DMU	E_K	E_N	E_L	E_C	E_P
北京	0.0001	0.3162	0.0174	0.3087	0.1543
天津	1.0000	1.0000	1.0000	1.0000	0.0060
河北	0.0013	0.3704	0.2832	0.1962	0.0455
山西	0.0031	0.2997	0.1020	0.2551	0.1194
内蒙古	0.0681	0.3978	0.1197	0.4533	0.2413
辽宁	0.0126	0.7244	0.4463	0.4836	0.0784
吉林	0.6153	0.9725	0.1345	0.9712	0.3382
黑龙江	0.5330	0.9490	0.1404	0.9486	0.7372
上海	0.0102	0.6693	0.0939	0.3620	0.0344
江苏	0.0012	0.4166	0.1273	0.2469	0.0541
浙江	1.0000	1.0000	1.0000	1.0000	1.0000
安徽	0.1315	0.7861	0.3714	0.6512	0.0911
福建	0.3415	0.7818	0.2708	0.8098	0.3623
江西	1.0000	1.0000	1.0000	1.0000	1.0000
山东	1.0000	1.0000	1.0000	1.0000	0.0103
河南	0.0016	0.6611	0.2597	0.4244	0.0536
湖北	0.0110	0.7398	0.2435	0.7345	0.2003
湖南	0.1523	0.8577	0.2887	0.8518	0.3637
广东	0.0842	0.8058	0.2759	0.7803	0.2082
广西	0.0040	0.7637	0.2479	0.7616	0.4739

续表

DMU	E_K	E_N	E_L	E_C	E_P
海南	1.0000	1.0000	1.0000	1.0000	1.0000
重庆	1.0000	1.0000	1.0000	1.0000	0.1567
四川	0.2430	0.7965	0.4435	0.7930	0.4263
贵州	0.2214	0.9694	0.4050	0.9692	0.7413
云南	1.0000	1.0000	1.0000	1.0000	1.0000
西藏	1.0000	1.0000	1.0000	1.0000	1.0000
陕西	0.0137	0.5390	0.1279	0.5336	0.2513
甘肃	0.0024	0.2980	0.1123	0.2269	0.0865
青海	0.0016	0.1470	0.2584	0.0195	0.0080
宁夏	1.0000	1.0000	1.0000	1.0000	0.0010
新疆	1.0000	1.0000	1.0000	1.0000	0.0296

3.2.3 森林碳汇各要素谢泼德效率时空演变特征

为进一步分析各要素谢泼德效率的空间分布演进特征，研究采用核密度估计方法对2011～2021年我国31个省（自治区、直辖市）的碳汇经营过程中的5个投入产出指标效率的绝对差异进行考察，刻画5个要素的谢泼德效率动态演进过程，具体如图3-2所示。

根据图3-2（a），从波峰的演变来看，林业固定资产投资完成额谢泼德效率的分布曲线多数年份存在双峰现象，表明存在区域两极化现象，两峰之间的宽度变化很不稳定，整体表现为先缩小后增大的趋势，此外，峰值高度下降，宽度拓宽，说明地区林业固定资产投资完成额的谢泼德效率总体下降，地区差异缩小，而2016～2018年的峰值明显低于其他年份，谢泼德效率降低明显。图3-2（b）和图3-2（d）分布曲线波动趋势基本一致，即林地面积和森林碳汇量的谢泼德效率呈现出相似性，两者均表现为分布曲线的主峰位置右移，说明谢泼德效率呈现升高态势，主峰高度呈现出下降—上升—下降，宽度呈现出尖峰—宽峰—尖峰，表明整体谢泼德效率不稳定，波动较大，另外，主峰旁始终存在一个小侧峰，并且侧峰的位置与高度均较为稳定，两图也均无拖尾情况，不存在空间差距加大的现象。图3-2（c）也存在较为明显的双峰现象，两峰之间的距离也表现出扩大—缩小—扩大现象，另外，次峰峰值上升，说明两极化现象随时间推移不断变动，并具有一定的双峰趋势，个别年份出现单峰，并且表现为“扁而平”。两峰的高度虽有下降但整体上升，并且近年来有明显上升。根据图3-2（d），峰值较为明显的为2012年，其主峰、侧峰高度均明显高于其他年份，此后峰值高度保持稳定，但侧峰位于主峰左侧，并且宽度较宽，表明随时间变化，森林病虫鼠害发生面积的谢泼德效率整体提升不明显。

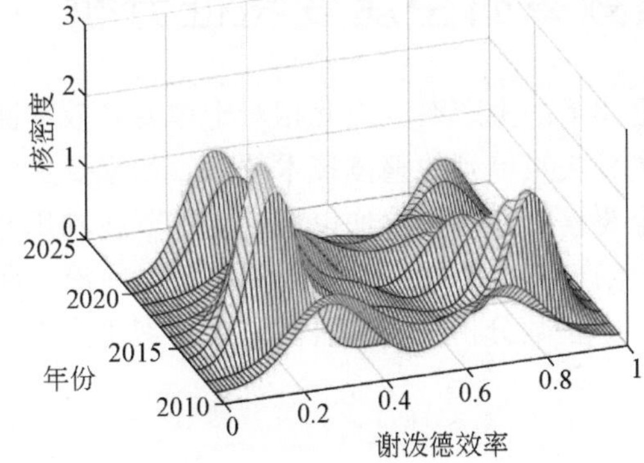

(a)林业固定资产投资完成额(K)

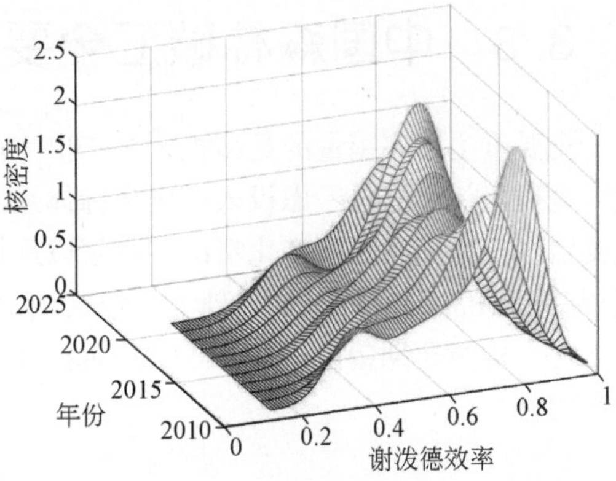

(b)林地面积(N)

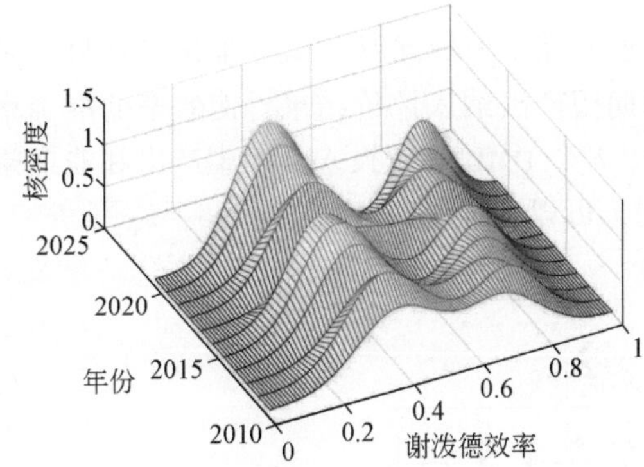

(c)林业系统年末从业人员数(L)

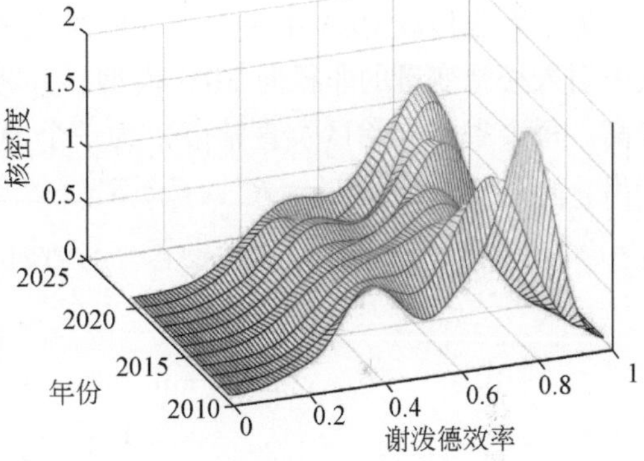

(d) 森林碳汇量(C)

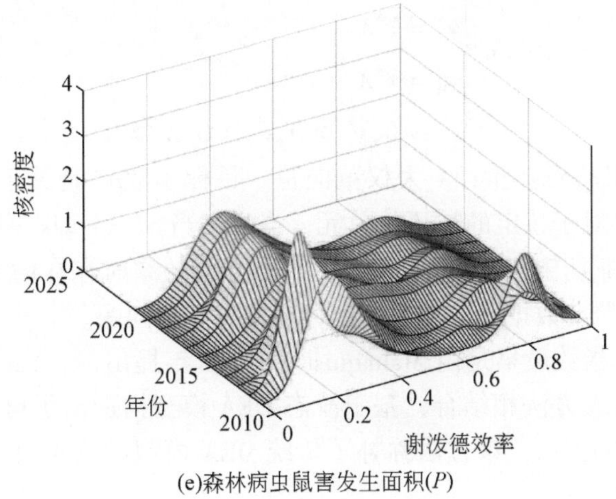

(e)森林病虫鼠害发生面积(P)

图 3-2　林业系统投入产出指标谢泼德效率的核密度动态演进

3.3 中国森林碳汇全要素效率时空演变特征分析

全要素生产率衡量的是多投入多产出生产框架下的生产率，因此相对于单要素效率测度，全要素效率综合考虑投入产出指标体系，测算决策单元的整体技术效率。如果要关注全要素生产率随时间的变化情况，则可以通过全要素生产率指数加以衡量，本节在利用非期望产出 SBM 测算效率的基础上，定义全要素生产率指数为决策值与最佳实践前沿的距离之比，构建非期望产出的 SBM-Malmquist 生产率指数分析我国森林碳汇全要素生产率的动态变化。

3.3.1 全要素效率评价模型

为了克服传统 DEA 中决策单元的投入和产出的冗余短缺问题，Tone 提出了在目标函数中引入松弛变量的非径向 SBM 模型，并将非期望产出纳入评价结果，使效率的准确率提高。每个省（自治区、直辖市）为一个 DMU，n 个 DMU 均有投入、期望产出和非期望产出，3 个向量表示成 $x \in R^m$，$y^g \in R^{s_1}$，$y^b \in R^{s_2}$，可以定义矩阵 $X=[x_1, \cdots, x_n] \in R^{m\times n}$，$Y^g=[y_1^g, \cdots, y_n^g] \in R^{s_1\times n}$，$Y^b=[y_1^b, \cdots, y_n^b] \in R^{s_2\times n}$，基本模型形式为

$$\rho^* = \min \frac{1-\dfrac{1}{m}\sum_{i=1}^{m}\dfrac{s_i^-}{x_{i0}}}{1+\dfrac{1}{s_1+s_2}\left(\sum_{r=1}^{s_1}\dfrac{s_r^g}{y_{r_0}^g}+\sum_{r=1}^{s_2}\dfrac{s_r^b}{y_{r_0}^b}\right)}$$

$$\text{s. t.}\begin{cases} x_0 = X\lambda + s^- \\ y_0^b = Y^b\lambda + s^b \\ y_0^g = Y^g\lambda - s^g \\ s^- \geqslant 0, s^g \geqslant 0, s^b \geqslant 0, \lambda \geqslant 0 \end{cases} \tag{3-11}$$

式中，s 为投入、产出的松弛量；λ 为权重向量。目标函数ρ^*是关于s^-、s^g、s^b 严格递减的，并且 $0\leqslant\rho^*\leqslant1$。对于特定的被评价单元，当且仅当 $\rho^*=1$ 即$s^-=0$、$s^g=0$、$s^b=0$ 时是有效率的。对于利用非期望产出 SBM 计算跨期全要素效率时存在的无可行解的问题，采用将决策期数据和参照期数据共同作为生产可能集来解决问题。

Malmquist 生产率指数最早是由 Malmquist 于 1953 年提出的，Fare 等将这一理论的非参数线性规划法与 DEA 方法相结合，基于静态 DEA 模型构造出了可对 t 期到 s 期生产率进行跨时期动态评价的方法，该方法弥补了传统 DEA 模型无法对效率的变化进行动态分析的空白。

如果以 t 期为参考，Malmquist 生产率指数表示如下：

$$M_0=(X^s, Y^s, X^t, Y^t)=\left(\frac{D_0^t(X^s, Y^s)}{D_0^t(X^t, Y^t)}\right) \tag{3-12}$$

式中，$D_0^t(X^s, Y^s)$为参照 t 期技术的 s 期的全要素生产率；$D_0^t(X^t, Y^t)$为参照 t 期技术的当

期全要素生产率。而如果基于 s 期参照技术，Malmquist 生产率指数则表示如下：

$$M_0=(X^s,Y^s,X^t,Y^t)=\left(\frac{D_0^s(X^s,Y^s)}{D_0^s(X^t,Y^t)}\right) \tag{3-13}$$

式中，$D_0^s(X^s, Y^s)$ 为参照 s 期技术的当期全要素生产率；$D_0^s(X^t, Y^t)$ 为参照 s 期技术的 t 期的全要素生产率。由于两期指数在经济上是信息对称的，因此定义 t 期到 s 期的 Malmquist 生产率指数公式如下：

$$M_0=(X^s,Y^s,X^t,Y^t)=\left\{\left(\frac{D_0^t(X^s,Y^s)}{D_0^t(X^t,Y^t)}\right)\left(\frac{D_0^s(X^s,Y^s)}{D_0^s(X^t,Y^t)}\right)\right\}^{1/2} \tag{3-14}$$

即综合生产率指数为两期生产率指数的几何平均值。式（3-8）表示 t 期到 s 期生产率的改变。若 Malmquist 生产率指数大于 1，表示全要素生产率上升；若其小于 1，则表明全要素生产率降低。此外，可以将 Malmquist 生产率指数进一步分解为技术效率变化指数（efficiency change index，EFFCH）和技术变化指数（technological change index，TECHCH），分别如式（3-15）和式（3-16）所示：

$$\text{EFFCH}=\frac{D_0^s(X^s,Y^s)}{D_0^t(X^t,Y^t)} \tag{3-15}$$

$$\text{TECHCH}=\left\{\left(\frac{D_0^t(X^s,Y^s)}{D_0^s(X^s,Y^s)}\right)\left(\frac{D_0^t(X^t,Y^t)}{D_0^s(X^t,Y^t)}\right)\right\}^{1/2} \tag{3-16}$$

若 EFFCH>1，则表明 DMU 综合技术效率水平提高。若 TECHCH>1，则表明技术水平有所提高。

3.3.2 森林碳汇全要素效率测度

基于考虑非期望产出的 SBM 模型，使用 MATLAB 软件分别对我国 31 个省（自治区、直辖市）2010～2021 年森林碳汇全要素效率进行测算。依照各省（自治区、直辖市）的自然地理位置，将 31 个省（自治区、直辖市）划分为 7 个区域，在分析区域全要素效率的基础上明确省（自治区、直辖市）效率差异。7 个区域分别是华北地区（北京、天津、河北、山西、内蒙古）、东北地区（辽宁、吉林、黑龙江）、华东地区（上海、江苏、浙江、安徽、福建、江西、山东）、华中地区（河南、湖北、湖南）、华南地区（广东、广西、海南）、西南地区（重庆、四川、贵州、云南、西藏）、西北地区（陕西、甘肃、青海、宁夏、新疆）。

由图 3-3 可知，西南地区和华南地区的森林碳汇全要素效率位于七大区域的前列，西南地区是我国第二大天然林区，森林资源丰富，加之气候环境好，雨水多，有利于提高森林碳汇全要素效率，华南地区的森林碳汇全要素效率略低于西南地区，其在森林资源禀赋方面与西南地区存在差距，但技术应用到位且规模效率较高。西北地区和华北地区的森林碳汇全要素效率较低且保持稳定，整体随时间变化不大，一方面西北地区自然环境较差，资源投入以及管理落后于其他地区，另一方面华北地区森林资源较少，地区以经济发展为重心。森林碳汇全要素效率处于中间偏下水平的是华中地区和华东地区，两区域包含的省（自治区、直辖市）如福建、浙江、江西森林资源丰富，较为丰富的资源优势给地区森林碳汇带来较大的发展优势，但就区域而言，森林碳汇全要素效率不高，因此仍具有较高的提升潜力，而对于森林资源相对不足的地区，如上海、江苏、湖北、湖南，其自然环境较好且经济发展水平较高，资源投入力度较大，因此对于这些地区而言，需提升资源管理以及利用效率。波动程度最大、最不稳定的是东北地区，2013～2017 年效率直线下降，可能原因是东北地区森林资源遭到破坏，并且资源、技术等投入的不足进一步限制其发展，而近年来我国加大对东北地区森林资源的保护，森林碳汇全要素效率得以缓慢增长。不同区域之间资源情况存在的差异使森林碳汇全要素效率不同，因此需根据区域差异调整区域森林碳汇发展策略。

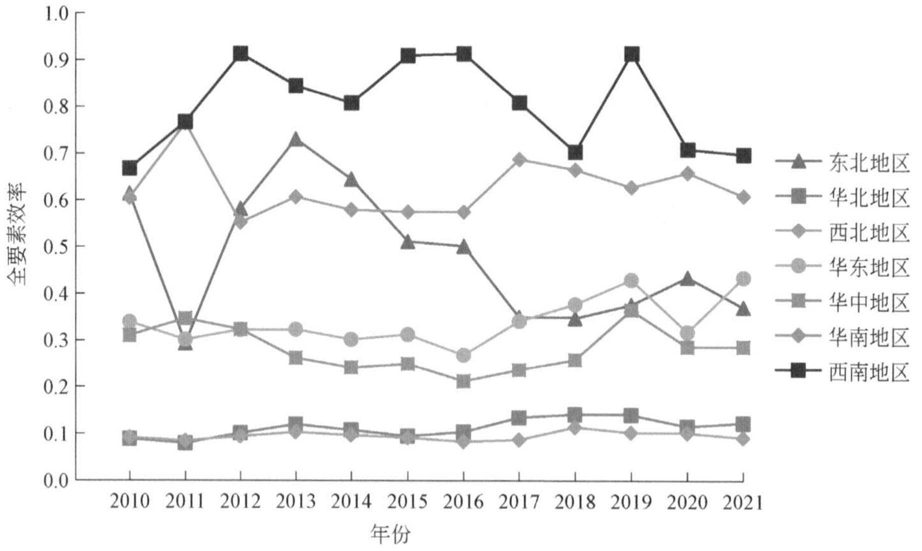

图 3-3　2010～2021 年中国七大区域森林碳汇全要素效率

在得到区域整体发展情况后，进一步分析我国省（自治区、直辖市）森林碳汇全要素效率整体水平，表 3-2 为 31 个省（自治区、直辖市）2010～2021 年森林碳汇全要素效率，由表 3-2 可知，我国 31 个省（自治区、直辖市）中，有 12 个省（自治区、直辖市）的森林碳汇全要素效率大于全国平均水平，其中，海南、云南、西藏、浙江的森林碳汇全要素效率均处于较高水平，海南、云南、西藏的森林碳汇全要素效率在 2010～2021 年一直处于效率前沿面，这表明这些地区在森林碳汇方面已经达到了最优水平，有效地平衡了森林资源的增长和生态环境的保护。其余 19 个省（自治区、直辖市）的森林碳汇全要素效率均小于全国平均水平，其中，宁夏、青海、山东等省（自治区、直辖市）的森林碳汇全要素效率远低于全国平均水平，这可能意味着这些地区在森林资源的保护和利用方面仍存在较大的发展空间，需进一步加强森林管理和保护政策，以提高森林碳汇全要素效率。图 3-4 也清晰地展示了地区森林碳汇全要素效率的排序结果，另外，从图 3-4 可以看出，一些森林资源丰富的地区，如福建、江西等，其森林碳汇全要素效率排序并不靠前，进一步说明自然资源丰富的省（自治区、直辖市）的整体发展水平的提升潜力仍较大。

表3-2　中国31个省（自治区、直辖市）2010～2021年森林碳汇全要素效率

DMU	全要素效率	DMU	全要素效率
辽宁	0.183	河南	0.147
吉林	0.609	湖北	0.339
黑龙江	0.648	湖南	0.360
北京	0.082	广东	0.539
天津	0.034	广西	0.339
河北	0.120	海南	1.000
山西	0.132	重庆	0.669
内蒙古	0.198	四川	0.565
陕西	0.238	贵州	0.791
甘肃	0.088	云南	1.000
青海	0.011	西藏	1.000
宁夏	0.004	东北地区	0.480
新疆	0.137	华北地区	0.113
上海	0.072	西北地区	0.096
江苏	0.076	华东地区	0.339
浙江	0.962	华中地区	0.282
安徽	0.221	华南地区	0.626
福建	0.579	西南地区	0.805
江西	0.441	均值	0.374
山东	0.024		

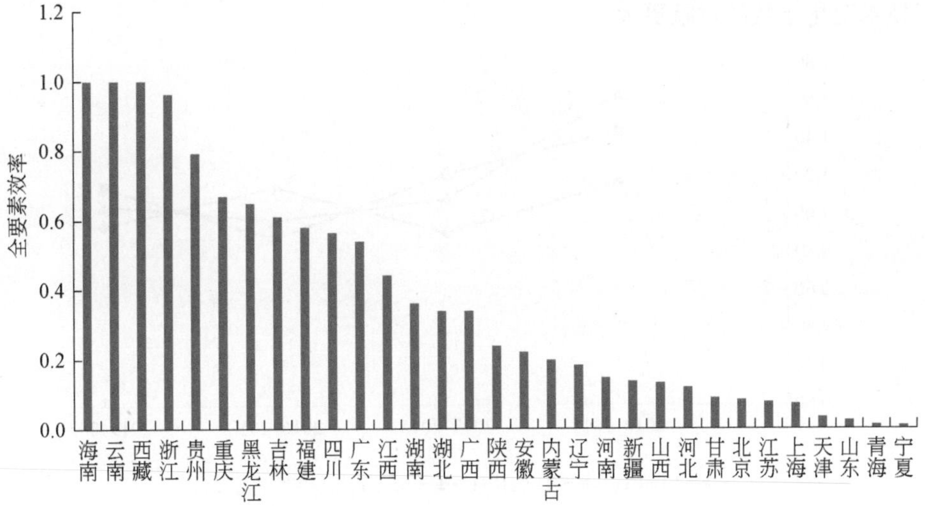

图3-4　中国31个省（自治区、直辖市）的森林碳汇全要素效率排序图

3.3.3 森林碳汇全要素 Malmquist 生产率指数分解研究

本节测算了 2010～2021 年我国森林碳汇全要素 Malmquist 生产率指数，并将 Malmquist 生产率指数分解为技术效率变化指数和技术变化指数，以此从时间轴上反映技术效率与技术进步对碳汇总效率的影响，具体结果如表 3-3 所示。

表 3-3　2010～2021 年我国森林碳汇全要素 Malmquist 生产率指数及其分解表

年份	EFFCH	TECHCH	Malmquist 生产率指数
2010～2012	1.1685	1.4434	1.6370
2013～2015	0.9096	1.2170	1.0856
2016～2018	1.1454	0.8788	0.9754
2019～2021	0.9479	1.1478	1.0536
均值	1.0428	1.1718	1.1879

如表 3-3 所示，森林碳汇效率的技术效率变化指数和技术变化指数年均上升了 4.28% 和 17.18%，Malmquist 生产率指数年均上升 18.79%，技术进步的提升对 Malmquist 生产率指数的上升起到了重要作用。2010～2012 年 Malmquist 生产率指数上升是技术效率变化指数和技术变化指数上升两者共同作用的结果，2013～2015 年 Malmquist 生产率指数变动是技术效率变化指数和技术变化指数两者的交替作用，2019～2021 年 Malmquist 生产率指数上升主要是技术进步变化指数上升的结果，并且从图 3-5 可更清晰地看出，Malmquist 生产率指数的曲线变化与技术变化指数曲线的变动几乎一致，表明我国森林碳汇的技术进步对森林碳汇全要素效率的提升十分重要，而技术进步对 Malmquist 生产率指数的作用随时间呈波动式动态变化。整体而言，技术进步和技术效率变动对碳汇生产率变动均为正向作用，但技术变化指数的贡献更大。

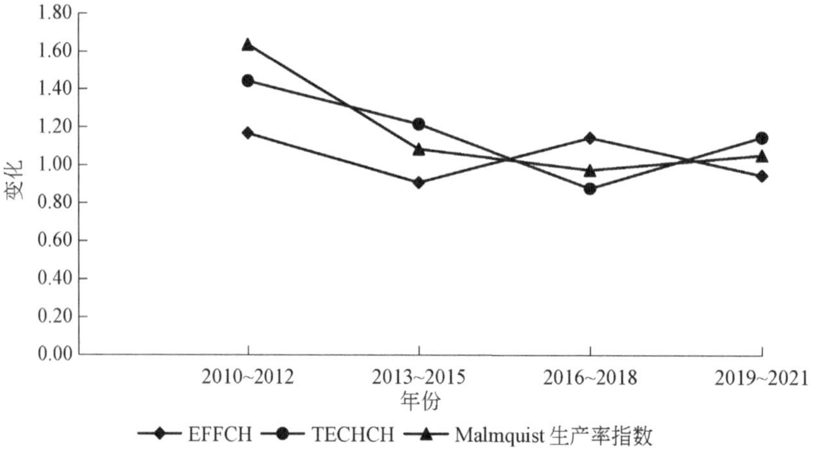

图 3-5　2010～2021 年我国森林碳汇 Malmquist 生产率指数及其分解指标变化

表 3-4 显示了各省（自治区、直辖市）森林碳汇全要素生产率及其分解情况，全要素 Malmquist 生产率指数小于 1 的省（自治区、直辖市）只有青海，具体值为 0.791，表明在 2010～2021 年青海的全要素 Malmquist 生产率整体下降，内蒙古、江西、山东、新疆 4 个地区的全要素 Malmquist 生产率指数在 31 个省（自治区、直辖市）中位居前四，全要素 Malmquist 生产率整体较高。35.48%的省（自治区、直辖市）的技术效率变化指数小于 1，分别是北京、河北、吉林、黑龙江、江苏、安徽、河南、湖北、广西、陕西、青海，这些省（自治区、直辖市）的技术变化指数都大于 1，但大部分都处于较低的水平，实际产出还存在较大的提升空间，从城市发展和林业产业生产上分析原因，北京、江苏、河北、河南、湖北和安徽的城市化进程速度快，林业用地受到城市用地的挤压，影响了林业技术的发挥和效率的提升，黑龙江、广西、陕西、青海注重林业产业规模上的扩张，忽视了林业产业技术水平的提高。在这 31 个省（自治区、直辖市）中，所有省（自治区、直辖市）的技术变化指数均大于 1，反映了各地区森林碳汇技术的运用水平，林业科学有了一定的进步，但总体上各省（自治区、直辖市）技术变化指数偏低，还存在技术优化空间。

表 3-4　2010～2021 年中国各省（自治区、直辖市）森林碳汇全要素 Malmquist 生产率及其分解情况表

DMU	全要素 Malmquist 生产率指数	技术效率变化指数	技术变化指数
北京	1.046	0.898	1.164
天津	1.381	1.138	1.213
河北	1.173	0.937	1.253
山西	1.562	1.217	1.283
内蒙古	4.121	2.039	2.021
辽宁	1.617	1.205	1.342
吉林	1.142	0.387	2.951
黑龙江	1.613	0.772	2.090
上海	1.235	1.077	1.147
江苏	1.040	0.828	1.256
浙江	1.000	1.000	1.000
安徽	1.064	0.804	1.323
福建	1.653	1.082	1.527
江西	3.640	3.015	1.207
山东	2.168	1.473	1.471
河南	1.099	0.846	1.299
湖北	1.170	0.821	1.425
湖南	1.909	1.037	1.841
广东	1.883	1.151	1.635
广西	1.133	0.852	1.331
海南	1.000	1.000	1.000

续表

DMU	全要素 Malmquist 生产率指数	技术效率变化指数	技术变化指数
重庆	1.923	1.179	1.632
四川	1.945	1.177	1.652
贵州	1.751	1.001	1.750
云南	1.318	1.000	1.318
西藏	1.209	1.000	1.209
陕西	1.253	0.978	1.280
甘肃	1.316	1.003	1.312
青海	0.791	0.660	1.198
宁夏	1.698	1.319	1.287
新疆	3.448	1.058	3.260

3.4 本章小结

本章基于2010～2021年的森林碳汇发展数据，在传统投入产出指标选取的基础上增加森林病虫鼠害发生面积这一非期望产出，通过单要素效率测度以及全要素效率测度两方面对森林碳汇经营效率进行全面剖析。从单要素效率分析影响单要素效率提升的制约原因，并在此基础上对单要素效率展开空间动态整体变化趋势研究。利用非期望产出SBM的全要素效率评价模型测算碳汇整体静态效率，在此基础上考虑Malmquist指数进行效率的动态演进分析，综合评估全要素效率的变化。

从单要素效率结果来看，林地面积与森林碳汇效率变化具有相似性，林地面积的利用效率对森林碳汇的提升具有重要作用，此外，林业固定资产投资完成额以及林业系统年末从业人员数的效率同样具有一定的相似性，两要素作为林业系统重要的外部投入要素，一定程度上反映了我国森林在经营过程中对资源的利用，结果显示我国森林资源利用仍具有较大的提升空间。单要素效率的动态分析结果显示，我国区域内部之间的要素效率存在两极分化现象，表明森林资源投入分布程度不一，虽然要素效率整体呈上态势，但地区差异无明显缩小态势，进一步表明碳汇潜力的发挥不足，以及区域协同发展对碳汇效率整体提升的重要意义。

从全要素效率来看，其静态评价结果显示，地区森林碳汇效率存在差异，西南地区和华南地区森林碳汇效率位居前两位，资源条件为其发展提供了极大优势，西北地区和华北地区森林碳汇效率较低，在0.1左右，并且均保持平稳，森林碳汇效率具有很大的提升空间，东北地区森林碳汇效率波动幅度最大，因此需根据区域情况因地制宜调整森林碳汇提升策略。森林碳汇全要素效率动态分析结果显示，Malmquist生产率指数与技术变化指数的变化情况一致，森林碳汇的技术进步对森林碳汇全要素效率的提升具有重要作用，并且技术进步在省（自治区、直辖市）效率分解结果中均大于1，进一步表明我国对森林碳汇技术的应用与技术水平的提升。以上对森林碳汇量单要素和全要素的研究有助于了解我国森林碳汇效率整体情况，根据以上研究结论，具体提出以下政策建议。

第一，优化森林资源配置。各地区各要素利用效率存在差异，对于森林资源利用较为不足的地区，在充分利用自身发展优势的同时需全面了解森林资源的状况，为合理规划和利用提供依据，调整地区资源利用模式，加强基础建设，努力缩小与资源利用率高的地区差异。同时，各地区根据资源禀赋与地区发展情况选择合适的森林发展努力方向，相关部门针对森林的生产经营出台相关政策建议，提供合理的引导和支持，根据实际情况增加对森林资源的投入，并积极引进技术，提高森林碳汇技术效率。

第二，推动区域协同发展。我国区域森林碳汇效率差异明显，区域森林碳汇效率的提高需要区域内省（自治区、直辖市）的共同作用，因此引导林业发展要素的集聚和流动，领先地区应发挥辐射作用，分享先进发展经验，存在不足的地区应明确薄弱环节，着力补齐短板，在保持地区特性的前提下学习领先地区发展模式，因地制宜地制定发展战略，推动区域协同发展。发展水平较高的地区可通过持续提高林业发展水平，推动前沿技术创新以提高发展效率，发挥带动作用，缓解区域发展的两极化现象。

第三，提高科学经营水平。一方面，科学合理地制定森林碳汇经营规划，优化现有森林的树种结构、改善土壤质量，持续增加单位面积蓄积量和生长量，提高森林固碳能力；另一方面，加大森林资源保护力度，控制森林资源消耗量，保护森林生物多样性，防治森林灾害，并遵循预防为主、科学防控、依法治理的方针，保证林木健康生长，实现有效的森林健康管理。另外，可通过现代化数字技术模拟和预测方案的经营效果，为森林经营模式提供科学依据。

第 4 章　森林碳汇变化的驱动因素分解模型及预测研究

4.1　中国森林碳汇变化研究的必要性

我国作为世界第五大森林资源持有国，截至 2021 年，森林蓄积量超过 175 亿 m^3，相比于2005 年增加了超过45 亿 m^3。巨大的碳汇潜力使我国森林碳汇在调节全球气候和维护全球碳平衡中发挥着重要作用。在巨大碳汇增量下我国碳汇技术开发难、森林资源质量低、病虫鼠害危害大、区域自然条件不均衡等因素的制约减缓了我国森林碳汇的高质量发展进程（Wei and Shen，2022；Canadell and Raupach，2008）。20 世纪 50 年代初，我国就提出了保护和利用森林资源的基本原则和政策，将森林资源按所有权划分为国有林、集体林和混合林。国有林与集体林在功能定位上有本质区别，特别是在经营水平上，林区的经营水平直接影响森林生长条件、植被覆盖率、土壤质量，进而影响森林的碳汇能力。森林的异质性对碳汇变化的影响不可忽视，国有林区因集约化管理与较高的防治水平，其碳汇密度显著高于南方集体林区（崔海鸥和刘珉，2020），而病虫鼠害的暴发进一步加剧了这一差异——2021 年全国林业病虫鼠害发生面积达 1255 万 hm^2，其中南方集体林区因防治率较低，碳汇密度较国有林区低 15.84%。国有林区以集中管理为特征，经营水平较高，而集体林区依赖分散经营，资源配置效率较低（朱教君等，2024）。因此，亟须从碳汇系统的内部结构出发，构建驱动因素分解框架，量化投入与产出的关系，解析技术效率与资源配置对碳汇变化的贡献。为此，基于 PDA 模型，探讨我国各省（自治区、直辖市）和各地区森林碳汇变化的发展情况。同时，从森林碳汇系统的内部结构刻画投入、产出的驱动因素分解框架，分析森林碳汇变化的影响因素。

4.2　森林碳汇驱动因素指数分解研究

4.2.1　森林碳汇驱动因素指数分解模型构建

1. 生产技术

在森林碳汇的实际生产过程中，土地（N）、劳动力（L）、资本（K）通常被作为投入。每个决策单元利用这些投入都可得到一个期望的产出，用森林碳汇量（C）表示。此外，在生产过程中除了期望产出的产生，往往附带非期望产出的产生。考虑给我国森林碳汇带来较大影响的病虫鼠害，用病虫鼠害发生面积（P）表示非期望产出。对于每个决策单元 i，其生产技术可以表示如下（Bai and Jiang，2011）：

$$T_i = \{(N_i, L_i, K_i, C_i, P_i) : (N_i, L_i, K_i \text{ 可以生产}(C_i, P_i)\} \tag{4-1}$$

基于以上生产技术，分别引入跨期的谢泼德投入与产出距离函数，定义如下：

$$D_N^s(N_i^t, L_i^t, K_i^t, C_i^t, P_i^t) = \sup\{\beta_i : (N_i^t/\beta_i, L_i^t, K_i^t, C_i^t, P_i^t) \in T_i^s\} \tag{4-2}$$

$$D_c^s(N_i^t, L_i^t, K_i^t, C_i^t, P_i^t) = \inf\{\theta_i : (N_i^t, L_i^t, K_i^t, C_i^t/\theta_i, P_i^t) \in T_i^s\} \tag{4-3}$$

$$D_p^s(N_i^t, L_i^t, K_i^t, C_i^t, P_i^t) = \inf\{\theta_i : (N_i^t, L_i^t, K_i^t, C_i^t, P_i^t/\theta_i) \in T_i^s\} \tag{4-4}$$

为了更好地拟合生产过程，Färe 等（1989）将非期望产出与期望产出之间的弱可处置性和“零结合”性作为假设引入生产过程中。具体可表达为如下形式（Kaya，1990）。

（1）若$(N_i, L_i, K_i, C_i, P_i) \in T_i$ 且 $0 \leqslant \theta \leqslant 1$，则$(N_i, L_i, K_i, \theta C_i, \theta P_i) \in T_i$；

（2）若$(N_i, L_i, K_i, C_i, P_i) \in T_i$ 且 $P=0$，则 $C=0$。

基于以上两个假设，决策单元 i 的生产技术可以定义为

$$T_i = \left\{ (N_i, L_i, K_i, C_i, P_i) : \sum_j \lambda_j N_{ij} \leqslant N_i \right.$$
$$\sum_j \lambda_j L_{ij} \leqslant L_i$$
$$\sum_j \lambda_j K_{ij} \leqslant K_i$$
$$\sum_j \lambda_j C_{ij} \geqslant C_i$$
$$\sum_j \lambda_j P_{ij} = P_i$$
$$\left. \lambda_j \geqslant 0, j = 1, \cdots, n \right\} \tag{4-5}$$

2. 森林碳汇增量的指数分解模型

根据 Kaya（1989）构建的基于经济、人口、能源与碳排放之间的分析框架，本研究将其等式应用到森林碳汇领域，构建森林碳汇量变化率分解公式（Lesiv et al.，2019）：

$$\Delta C_j = \frac{C_j^s}{C_j^t} = \left(\frac{C_j^s/N_j^s}{C_j^t/N_j^t}\right) \cdot \left(\frac{N_j^s/P_j^s}{N_j^t/P_j^t}\right) \cdot \left(\frac{P_j^s}{P_j^t}\right) \tag{4-6}$$

式（4-6）为决策单元从 t 期到 s 期的森林碳汇量变化率，其中 C 为森林碳汇量，N 为林地面积，P 为病虫鼠害发生面积。

以 t 期的生产技术为基准，将式（4-6）与距离函数结合，森林碳汇量变化分解可以改写为

$$\begin{aligned}\Delta C_j &= \left[\frac{C_j^s/D_c^t(N_j^s, L_j^s, K_j^s, C_j^s, P_j^s) \cdot (1/N_j^s)}{C_j^t/D_c^t(N_j^t, L_j^t, K_j^t, C_j^t, P_j^t) \cdot (1/N_j^t)}\right] \\ &\times \left[\frac{N_j^s/D_N^t(N_j^s, L_j^s, K_j^s, C_j^s, P_j^s) \cdot (1/P_j^s)}{N_j^t/D_N^t(N_j^t, L_j^t, K_j^t, C_j^t, P_j^t) \cdot (1/P_j^t)}\right] \times \frac{P_j^s}{P_j^t} \\ &\times \frac{D_c^t(N_j^s, L_j^s, K_j^s, C_j^s, P_j^s)}{D_c^t(N_j^t, L_j^t, K_j^t, C_j^t, P_j^t)} \times \frac{D_N^t(N_j^s, L_j^s, K_j^s, C_j^s, P_j^s)}{D_N^t(N_j^t, L_j^t, K_j^t, C_j^t, P_j^t)} \\ &= \text{PCSDCH}_j^t \times \text{PIFLICH}_j^t \times \text{AFPDCH}_j^t \times \text{FCSPCH}_j^t \times \text{FLUPCH}_j^t\end{aligned} \tag{4-7}$$

式中,L 为林业系统年末从业人员数;K 为林业固定资产投资完成额。森林碳汇量变化分解出五部分:第一项是 PCSDCH,即潜在碳汇密度变化。它表示在一定的森林碳汇能力水平下,分别基于 t 期和 s 期林地面积投入、劳动力投入、资本投入和森林病虫鼠害发生面积,单位林地投入面积最大可能的碳汇量变化。第二项定义为 PIFLICH,即潜在病虫鼠害发生强度变化。它表示在一定林地面积投入水平下,分别基于 t 期和 s 期劳动力投入、资本投入与产出水平,单位森林病虫鼠害发生面积所需的最小可能的林地投入量变化。第三项定义为 AFPDCH,即森林病虫鼠害发生面积的变化率。第四项定义为 FCSPCH,即森林碳汇效率变化率。第五项定义为 FLUPCH,即林地面积投入效率变化。

同样地,式(4-7)可以以 s 期生产技术为基准,因此为避免选择不同时期的生产技术作为基准造成的分解误差,取二者的几何平均值,具体如下所示:

$$
\begin{aligned}
\Delta C_j = & \left\{\frac{C_j^s/[D_c^t(N_j^s,L_j^s,K_j^s,C_j^s,P_j^s)\times D_c^s(N_j^s,L_j^s,K_j^s,C_j^s,P_j^s)]^{1/2}\times(1/N_j^s)}{C_j^t/[D_c^t(N_j^t,L_j^t,K_j^t,C_j^t,P_j^t)\times D_c^s(N_j^t,L_j^t,K_j^t,C_j^t,P_j^t)]^{1/2}\times(1/N_j^t)}\right\} \\
& \times\left\{\frac{N_j^s/[D_N^t(N_j^s,L_j^s,K_j^s,C_j^s,P_j^s)\times D_N^s(N_j^s,L_j^s,K_j^s,C_j^s,P_j^s)]^{1/2}\times(1/P_j^s)}{N_j^t/[D_N^t(N_j^t,L_j^t,K_j^t,C_j^t,P_j^t)\times D_N^s(N_j^t,L_j^t,K_j^t,C_j^t,P_j^t)]^{1/2}\times(1/P_j^t)}\right\} \\
& \times\frac{P_j^s}{P_j^t}\times\left[\frac{D_c^t(N_j^s,L_j^s,K_j^s,C_j^s,P_j^s)}{D_c^t(N_j^t,L_j^t,K_j^t,C_j^t,P_j^t)}\times\frac{D_c^s(N_j^s,L_j^s,K_j^s,C_j^s,P_j^s)}{D_c^s(N_j^t,L_j^t,K_j^t,C_j^t,P_j^t)}\right]^{1/2} \\
& \times\left[\frac{D_N^t(N_j^s,L_j^s,K_j^s,C_j^s,P_j^s)}{D_N^t(N_j^t,L_j^t,K_j^t,C_j^t,P_j^t)}\times\frac{D_N^s(N_j^s,L_j^s,K_j^s,C_j^s,P_j^s)}{D_N^s(N_j^t,L_j^t,K_j^t,C_j^t,P_j^t)}\right]^{1/2} \\
= & \mathrm{PCSDCH}_j\times\mathrm{PIFLICH}_j\times\mathrm{AFPDCH}_j\times\mathrm{FCSPCH}_j\times\mathrm{FLUPCH}_j
\end{aligned}
\tag{4-8}
$$

注意到,式(4-8)的最后两项本质上是 Malmquist 生产率指数,可以对其进行进一步分解,具体如下:

$$
\begin{aligned}
\mathrm{FCSPCH}_j = & \frac{D_c^s(N_j^s, L_j^s, K_j^s, C_j^s, P_j^s)}{D_c^t(N_j^t, L_j^t, K_j^t, C_j^t, P_j^t)} \\
& \times\left[\frac{D_c^t(N_j^s, L_j^s, K_j^s, C_j^s, P_j^s)}{D_c^s(N_j^s, L_j^s, K_j^s, C_j^s, P_j^s)}\times\frac{D_c^t(N_j^t, L_j^t, K_j^t, C_j^t, P_j^t)}{D_c^s(N_j^t, L_j^t, K_j^t, C_j^t, P_j^t)}\right]^{1/2} \\
= & \mathrm{CSEFCH}_j\times\mathrm{CCTECH}_j
\end{aligned}
\tag{4-9}
$$

$$
\begin{aligned}
\mathrm{FLUPCH}_j = & \frac{D_N^s(N_j^s,L_j^s,K_j^s,C_j^s,P_j^s)}{D_N^t(N_j^t,L_j^t,K_j^t,C_j^t,P_j^t)} \\
& \times\left[\frac{D_N^t(N_j^s,L_j^s,K_j^s,C_j^s,P_j^s)}{D_N^s(N_j^s,L_j^s,K_j^s,C_j^s,P_j^s)}\times\frac{D_N^t(N_j^t,L_j^t,K_j^t,C_j^t,P_j^t)}{D_N^s(N_j^t,L_j^t,K_j^t,C_j^t,P_j^t)}\right]^{1/2} \\
= & \mathrm{FLUEFCH}_j\times\mathrm{FLDTECH}_j
\end{aligned}
\tag{4-10}
$$

等式(4-9)右侧第一项 CSEFCH 刻画了碳汇的技术效率变动,第二项 CCTECH 反映了碳汇的技术变动。等式(4-10)右侧第一项 FLUEFCH 反映了林地利用的技术效率变动,第二项 FLDTECH 描述了林地开发的技术变动。至此,碳排放变化被分解成如下七个因素:

$$
\begin{aligned}
\Delta C_j = \frac{C_j^s}{C_j^t} = & \mathrm{PCSDCH}_j\times\mathrm{PIFLICH}_j\times\mathrm{AFPDCH}_j\times\mathrm{CSEFCH}_j\times\mathrm{CCTECH}_j \\
& \times\mathrm{FLUEFCH}_j\times\mathrm{FLDTECH}_j
\end{aligned}
\tag{4-11}
$$

对以上分解式中引入的谢泼德距离函数具体可通过以下公式进行估算：

$$
[D_C^s(N_i^t, L_i^t, K_i^t, C_i^t, P_i^t)]^{-1} = \max \theta
$$

$$
\text{s. t.}\begin{cases}\sum_{i=1}^{n} z_i N_i^s \leqslant N_i^t \\ \sum_{i=1}^{n} z_i L_i^s \leqslant L_i^t \\ \sum_{i=1}^{n} z_i K_i^s \leqslant K_i^t \\ \sum_{i=1}^{n} z_i C_i^s \geqslant \theta C_i^t \\ \sum_{i=1}^{n} z_i P_i^s = P_i^t \\ z_i \geqslant 0, i = 1, \cdots, n\end{cases} \tag{4-12}
$$

$$
[D_P^s(N_i^t, L_i^t, K_i^t, C_i^t, P_i^t)]^{-1} = \min \beta
$$

$$
\text{s. t.}\begin{cases}\sum_{i=1}^{n} z_i N_i^s \leqslant N_i^t \\ \sum_{i=1}^{n} z_i L_i^s \leqslant L_i^t \\ \sum_{i=1}^{n} z_i K_i^s \leqslant K_i^t \\ \sum_{i=1}^{n} z_i C_i^s \geqslant C_i^t \\ \sum_{i=1}^{n} z_i P_i^s = \theta P_i^t \\ z_i \geqslant 0, i = 1, \cdots, n\end{cases} \tag{4-13}
$$

3. 森林碳汇密度的指数分解模型

1）共同前沿模型

共同前沿模型由 O'Donnell 提出。具体来说，首先将所有决策单元分为若干组，由组内决策单元组成群组前沿，用于计算组内决策单元的技术效率；其次通过计算共同前沿效率（ME）和群组前沿效率（GE）之间的距离来评估样本间的技术差距。

按照 O'Donnell 的方法，首先将省（自治区、直辖市）分为 G 组，其中，第 g（$g=1, 2, \cdots, G$）组的生产可能集可以表示为

$$
T_g = \{(X_g, Y_g): X_g \text{ 可以生产} Y_g\} \tag{4-14}
$$

共同前沿生产可能集可以表示为

$$
T = \{(XY,): X \text{ 可以生产 } Y\} \tag{4-15}
$$

式中，$T = T^1 \text{U}\, T^2 \text{U} \cdots \text{U}\, T^G$。该方法的核心思想如图 4-1 所示。

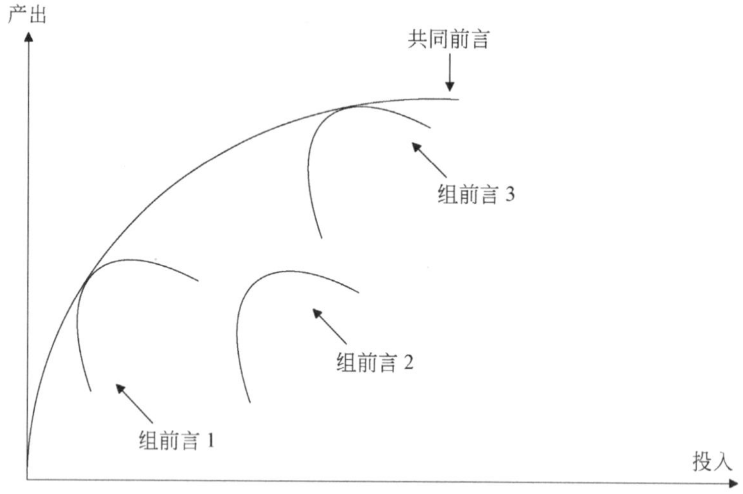

图 4-1　共同前沿和组前沿示意图

技术差距（TG）定义为

$$TG=\frac{ME}{GE} \tag{4-16}$$

TG 介于 0 ~ 1，TG 越接近 1 表示各省（自治区、直辖市）的技术水平越接近共同前沿的最优技术水平。TG 的分解如下。

技术差距无效：

$$TGI=GE\times(1-TG) \tag{4-17}$$

管理无效：

$$GMI=1-GE \tag{4-18}$$

共同前沿无效：

$$MTI=TGI+GMI=1-ME \tag{4-19}$$

2）技术效率差异视角下森林碳汇密度的 PDA 方法

基于我国林权属性形成的林区异质性和多样化的管理模式，本章将研究对象分为国有林区、南方集体林区和混合林区。进一步分析表明，由于不同林区管理方式存在差异，病虫鼠害发生强度也存在差异。因此，为了更好地评估异质性和森林病虫鼠害对森林碳汇的影响，本章给出以下说明。与基于总碳汇评估一个地区的碳汇水平相比，单位面积森林碳汇能更准确地反映该地区的森林碳汇水平（薛龙飞等，2018）。本章选择森林碳汇密度展开驱动因素分解，形成一个完整的分解模型。

模型的输入指标为林地面积（N）、林业系统年末从业人员数（L）和林业固定资产投资完成额（K），分别选取森林碳汇量（C）和森林病虫鼠害发生面积（P）作为期望产出和非期望产出指标。模型的具体构建过程如图 4-2 所示。

（1）第一阶段分解。

首先，定义森林碳汇密度为单位面积森林的碳汇量，即 C_j/N_j。基于 Kaya 恒等式（Kaya，2018），建立森林碳汇量、林地面积和森林病虫鼠害发生面积之间的关系。森林碳

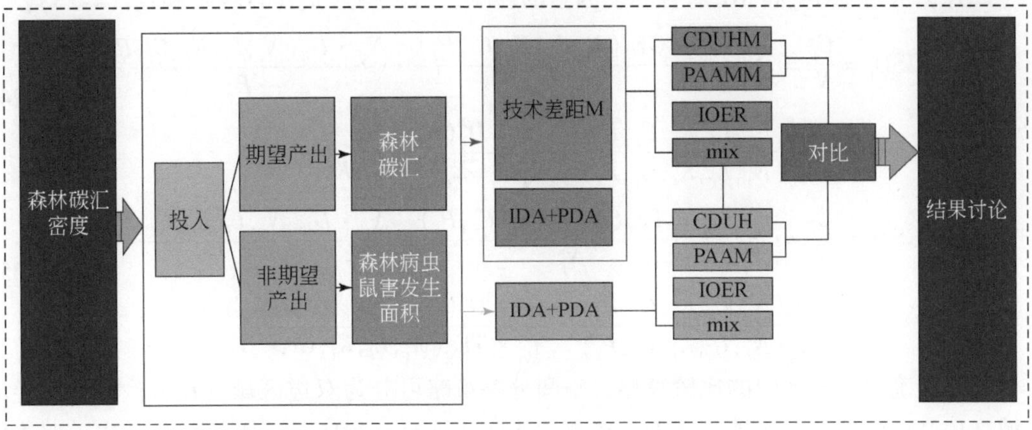

图 4-2 森林碳汇密度 PDA 分解模型构建图

汇密度的变化可以分解如下：

$$\mathrm{FCSD}_j = \frac{C_j}{N_j} = \sum_i \frac{C_{ij}}{N_j} \cdot \frac{N_{ij}}{P_{ij}} \cdot \frac{P_{ij}}{N_{ij}} \tag{4-20}$$

式中，j 表示林区；i 表示省份。

在进一步展开式（4-20）之前，需要确定技术差距（TG）的测度方法。根据式(4-16)，需要分别测算组前沿技术效率（GE_{ij}）和共同前沿技术效率（ME_{ij}）。为了综合考虑所有因素，本章采用 SBM 模型计算决策单元与完全有效决策单元之间的差距。

因此，通过结合距离函数和技术差异，式（4-20）可以改写为

$$\begin{aligned}\mathrm{FCSD}_j = \sum_i & \frac{C_{ij} \times M_{ij}(N_i, L_i, K_i, C_i, P_i)}{N_j} \cdot \frac{N_{ij} \cdot D_{ij}^N(N_i, L_i, K_i, C_i, P_i)}{P_{ij}} \\ & \cdot \frac{D_{ij}^P(N_i, L_i, K_i, C_i, P_i)}{D_{ij}^N(N_i, L_i, K_i, C_i, P_i)} \cdot \frac{P_{ij} / D_{ij}^P(N_i, L_i, K_i, C_i, P_i)}{N_{ij} \times M_{ij}(N_i, L_i, K_i, C_i, P_i)}\end{aligned} \tag{4-21}$$

在式（4-21）中，右侧第一项 CDUH，表示考虑技术差距下的各省（自治区、直辖市）森林碳汇密度。基于产出距离函数的特性：$D_0(N,\ L,\ K,\ C/\theta,\ P/\theta) = D_0(N,\ L,\ K,\ C,\ P)/\theta$ 和$D_0(N/\eta,\ L/\eta,\ K/\eta,\ C,\ P) = \eta\ D_0(N,\ L,\ K,\ C,\ P)$，等式右侧第二项可以分解为$D_{ij}^N(1,\ l_{ij},\ k_{ij},\ c_{ij},\ 1)$，其中 $l_{ij} = L_{ij}/N_{ij}$，表示劳动-林地的投入替代效应，k_{ij}表示资本-林地投入替代效应。

第三项的倒数可以展开如下：

$$\frac{D_{ij}^N(N_i, L_i, K_i, C_i, P_i)}{D_{ij}^P(N_i, L_i, K_i, C_i, P_i)} = \frac{N_{ij}/N_{ij}^*}{P_{ij}/P_{ij}^*} = \frac{P_{ij}^*/N_{ij}^*}{P_{ij}/N_{ij}} \tag{4-22}$$

IOER 表示单位面积病虫鼠害发生理想值与实际值的比率。IOER 越小，表示潜在病虫鼠害发生面积比例越小，这就意味着第三项值越大，结果越好。第四项 PAAM 考虑了在考虑技术差距的情况下潜在病虫鼠害发生面积。

因此，森林碳汇密度被分解为如下四个要素：

$$\mathrm{FCSD}_j = \sum_i \mathrm{CDUH}_{ij} \cdot D_{ij}^N(1, l_{ij}, k_{ij}, c_{ij}, 1) \cdot \mathrm{IOER}_{ij}^{-1} \cdot \mathrm{PAAM}_{ij} \tag{4-23}$$

此外，考虑到GE_{ij}和ME_{ij}对各驱动因素的影响，可以构建式（4-24）和式（4-25）：

$$\mathrm{FCSD}_j=\frac{C_j}{N_j}=\sum_i\frac{C_{ij}\times \mathrm{GE}_{ij}(N_i,L_i,K_i,C_i,P_i)}{N_j}\cdot\frac{N_{ij}\cdot D_{ij}^N(N_i,L_i,K_i,C_i,P_i)}{P_{ij}}\cdot\frac{D_{ij}^P(N_i,L_i,K_i,C_i,P_i)}{D_{ij}^N(N_i,L_i,K_i,C_i,P_i)}\cdot\frac{P_{ij}/D_{ij}^P(N_i,L_i,K_i,C_i,P_i)}{N_{ij}\times \mathrm{GE}_{ij}(N_i,L_i,K_i,C_i,P_i)} \tag{4-24}$$

$$\mathrm{FCSD}_j=\frac{C_j}{N_j}=\sum_i\frac{C_{ij}\times \mathrm{TE}_{ij}(N_i,L_i,K_i,C_i,P_i)}{N_j}\cdot\frac{N_{ij}\cdot D_{ij}^N(N_i,L_i,K_i,C_i,P_i)}{P_{ij}}\cdot\frac{D_{ij}^P(N_i,L_i,K_i,C_i,P_i)}{D_{ij}^N(N_i,L_i,K_i,C_i,P_i)}\cdot\frac{P_{ij}/D_{ij}^P(N_i,L_i,K_i,C_i,P_i)}{N_{ij}\times \mathrm{TE}_{ij}(N_i,L_i,K_i,C_i,P_i)} \tag{4-25}$$

进一步确定各林区间的比较策略，空间分解策略可分为双边区域（B-R）模型、径向区域（R-R）模型和多区域（M-R）模型（Ang B et al., 2015）三种类型。其中，双边区域模型因分解对随着区域数量增加而呈指数级增加，计算复杂，径向区域模型基准区域的不确定性导致分解结果具有不确定性的缺点，而多区域策略通过均值构建参考区域，摒弃了双边区域模型和径向区域模型的缺点而具有良好的特性，因此本章选取多区域模型，使对各林区异质性分布的评价结果更加全面客观。

在空间分解中，由于三个林区内的省（自治区、直辖市）没有固定的排列顺序，如何安排省（自治区、直辖市）顺序以构建参考林区是空间分解分析中的一个重要问题。技术异质性效率的信息反映了各省（自治区、直辖市）在技术效率改进潜力方面的差异。为了更好地分析替代效应，选择参考林区时需要充分考虑各省（自治区、直辖市）之间的技术效率差异。参考林区的具体构建思路如下（构建参考林区的具体结果见附录5-1）：①通过非期望产出SBM模型分别计算三个林区的GE、ME和TG；②根据TG、ME和GE对每个林区内的省（自治区、直辖市）进行排序；③根据排序，通过取各省（自治区、直辖市）投入产出数据的平均值构建虚拟参考区域u。林区j与参考林区u之间的森林碳汇密度可以建模为

$$\frac{\mathrm{FCSD}_j}{\mathrm{FCSD}_u}=\frac{\sum_i \mathrm{CDUH}_{ij}\cdot D_{ij}^N(1,l_{ij},k_{ij},c_{ij},1)\cdot \mathrm{IOER}_{ij}^{-1}\cdot \mathrm{PAAM}_{ij}}{\sum_i \mathrm{CDUH}_{iu}\cdot D_{iu}^N(1,l_{iu},k_{iu},c_{iu},1)\cdot \mathrm{IOER}_{iu}^{-1}\cdot \mathrm{PAAM}_{iu}}=D_{\mathrm{CDUH}}^{j,u}\cdot D_{\mathrm{mix}}^{j,u}\cdot D_{\mathrm{IOER}}^{j,u}\cdot D_{\mathrm{PAAM}}^{j,u} \tag{4-26}$$

由于在分解公式中的总量指标中存在子总量，因此需要使用分解方法来计算，LMDI-I因其良好的特性而被应用于多级分解（Ang B and Wang H, 2015），将此方法应用于式(4-27)得到以下结果：

$$D_{\mathrm{CDUH}}^{j,u}=\exp\left(\sum_i w_i^{j,u}\ln\frac{\mathrm{CDUH}_{ij}}{\mathrm{CDUH}_{iu}}\right) \tag{4-27}$$

$$D_{\mathrm{mix}}^{j,u}=\exp\left(\sum_i w_i^{j,u}\ln\frac{D_{ij}^N(1,l_{ij},k_{ij},c_{ij},1)}{D_{iu}^N(1,l_{iu},k_{iu},c_{iu},1)}\right) \tag{4-28}$$

$$D_{\mathrm{IOER}}^{j,u}=\exp\left(\sum_i w_i^{j,u}\ln\frac{\mathrm{IOER}_{ij}^{-1}}{\mathrm{IOER}_{iu}^{-1}}\right) \tag{4-29}$$

$$D_{\mathrm{PAAM}}^{j,u}=\exp\left(\sum_i w_i^{j,u}\ln\frac{\mathrm{PAAM}_{ij}}{\mathrm{PAAM}_{iu}}\right) \tag{4-30}$$

权重函数$w_i^{j,u}=\dfrac{L\ (C_{ij}/N_j,\ C_{iu}/N_u)}{L\ (I_j,\ I_u)}$，$L(\cdot,\cdot)$是对数均值函数，具体形式如下：

$$L(a,b)=\begin{cases}\dfrac{a-b}{\ln a-\ln b}, & a\neq b\\ a, & a=b\end{cases}$$

（2）第二阶段分解。

由于混合效应$D_{\mathrm{mix}}^{j,u}$来源于劳动力林地投入面积比（LN）、资本林地面积投入比（KN）和碳汇量病虫鼠害发生面积比（CP）的变化，为确保每次只改变一个因素而保持其他因素不变（Wang et al., 2017），混合效应分解如下：

$$\begin{aligned}\frac{D_{ij}^{N}(1,l_{ij},k_{ij},c_{ij},1)}{D_{iu}^{N}(1,l_{iu},k_{iu},c_{iu},1)}=&\frac{D_{ij}^{N}(1,l_{ij},k_{ij},c_{ij},1)}{D_{i}^{N}(1,l_{iu},k_{ij},c_{ij},1)}\cdot\frac{D_{i}^{N}(1,l_{iu},k_{ij},c_{ij},1)}{D_{i}^{N}(1,l_{iu},k_{iu},c_{ij},1)}\\&\cdot\frac{D_{i}^{N}(1,l_{iu},k_{iu},c_{ij},1)}{D_{iu}^{N}(1,l_{iu},k_{iu},c_{iu},1)}\end{aligned} \tag{4-31}$$

式（4-31）依次改变 LN、KN 和 CP，共包含 6 种形式，除了式（4-31）外，其他 5 种形式见附录 4-2。为保持分解的唯一性，Dietzenbacher 等（2000）引入了一种极性方法（镜像分解），可以大致逼近完全分解。

$$\begin{aligned}\frac{D_{ij}^{N}(1,l_{ij},k_{ij},c_{ij},1)}{D_{iu}^{N}(1,l_{iu},k_{iu},c_{iu},1)}=&\frac{D_{ij}^{N}(1,l_{ij},k_{ij},c_{ij},1)}{D_{i}^{N}(1,l_{ij},k_{ij},c_{iu},1)}\cdot\frac{D_{i}^{N}(1,l_{ij},k_{ij},c_{iu},1)}{D_{i}^{N}(1,l_{ij},k_{iu},c_{iu},1)}\\&\cdot\frac{D_{i}^{N}(1,l_{ij},k_{iu},c_{iu},1)}{D_{iu}^{N}(1,l_{iu},k_{iu},c_{iu},1)}\end{aligned} \tag{4-32}$$

通过取式（4-31）和式（4-32）的几何平均值，得到最终分解结果为

$$\begin{aligned}\frac{D_{ij}^{N}(1,l_{ij},k_{ij},c_{ij},1)}{D_{iu}^{N}(1,l_{iu},k_{iu},c_{iu},1)}=&\left[\frac{D_{ij}^{N}(1,l_{ij},k_{ij},c_{ij},1)}{D_{i}^{N}(1,l_{iu},k_{ij},c_{ij},1)}\cdot\frac{D_{i}^{N}(1,l_{ij},k_{iu},c_{iu},1)}{D_{iu}^{N}(1,l_{iu},k_{iu},c_{iu},1)}\right]^{1/2}\\&\cdot\left[\frac{D_{i}^{N}(1,l_{iu},k_{ij},c_{ij},1)}{D_{i}^{N}(1,l_{iu},k_{iu},c_{ij},1)}\cdot\frac{D_{i}^{N}(1,l_{ij},k_{ij},c_{iu},1)}{D_{i}^{N}(1,l_{ij},k_{iu},c_{iu},1)}\right]^{1/2}\\&\cdot\left[\frac{D_{i}^{N}(1,l_{iu},k_{iu},c_{ij},1)}{D_{iu}^{N}(1,l_{iu},k_{iu},c_{iu},1)}\cdot\frac{D_{ij}^{N}(1,l_{ij},k_{ij},c_{ij},1)}{D_{i}^{N}(1,l_{ij},k_{ij},c_{iu},1)}\right]^{1/2}\\=&\mathrm{LN}_i^{j,u}\cdot\mathrm{KN}_i^{j,u}\cdot\mathrm{CP}_i^{j,u}\end{aligned} \tag{4-33}$$

将等式（4-33）代入等式（4-28）可得

$$\begin{aligned}D_{\mathrm{mix}}^{j,u}&=\exp\left(\sum_i w_i^{j,u}\ln(\mathrm{LN}_i^{j,u}\cdot\mathrm{CN}_i^{j,u}\cdot\mathrm{CP}_i^{j,u})\right)\\&=\exp\left(\sum_i w_i^{j,u}\ln\mathrm{LN}_i^{j,u}\right)\cdot\exp\left(\sum_i w_i^{j,u}\ln\mathrm{CN}_i^{j,u}\right)\cdot\exp\left(\sum_i w_i^{j,u}\ln\mathrm{CP}_i^{j,u}\right)\\&=D_{\mathrm{LN}}^{j,u}\cdot D_{\mathrm{KN}}^{j,u}\cdot D_{\mathrm{CP}}^{j,u}\end{aligned} \tag{4-34}$$

因此，区域 j 和参考区域 u 比值的最终分解结果为

$$\frac{\mathrm{FCSD}_j}{\mathrm{FCSD}_u}=D_{\mathrm{CDUH}}^{j,u}\cdot D_{\mathrm{LN}}^{j,u}\cdot D_{\mathrm{KN}}^{j,u}\cdot D_{\mathrm{CP}}^{j,u}\cdot D_{\mathrm{IOER}}^{j,u}\cdot D_{\mathrm{PAAM}}^{j,u} \tag{4-35}$$

考虑到参考林区的基准作用，可以推导出任意一对林区之间的间接比较结果。例如，林区 j 和林区 r 之间的比较结果如下：

$$\frac{\mathrm{FCSD}_j}{\mathrm{FCSD}_r}=\frac{\mathrm{FCSD}_j}{\mathrm{FCSD}_u}\Big/\frac{\mathrm{FCSD}_r}{\mathrm{FCSD}_u}=\frac{D_{\mathrm{CDUH}}^{j,u}\cdot D_{\mathrm{LN}}^{j,u}\cdot D_{\mathrm{CN}}^{j,u}\cdot D_{\mathrm{CP}}^{j,u}\cdot D_{\mathrm{IOER}}^{j,u}\cdot D_{\mathrm{PAAM}}^{j,u}}{D_{\mathrm{CDUH}}^{r,u}\cdot D_{\mathrm{LN}}^{r,u}\cdot D_{\mathrm{CN}}^{r,u}\cdot D_{\mathrm{CP}}^{r,u}\cdot D_{\mathrm{IOER}}^{r,u}\cdot D_{\mathrm{PAAM}}^{r,u}}$$
$$=\tilde{D}_{\mathrm{CDUH}}^{j,r}\cdot \tilde{D}_{\mathrm{LN}}^{j,r}\cdot \tilde{D}_{KN}^{j,r}\cdot \tilde{D}_{\mathrm{CP}}^{j,r}\cdot \tilde{D}_{\mathrm{IOER}}^{j,r}\cdot \tilde{D}_{\mathrm{PAAM}}^{j,r} \tag{4-36}$$

4.2.2 中国森林碳汇增量的时空特征分析

为分析中国森林碳汇量的动态演变情况，将森林碳汇增量作为研究指标，测算分析 2010～2021 年中国及三大地区森林碳汇增量的发展情况，具体如图 4-3 所示。

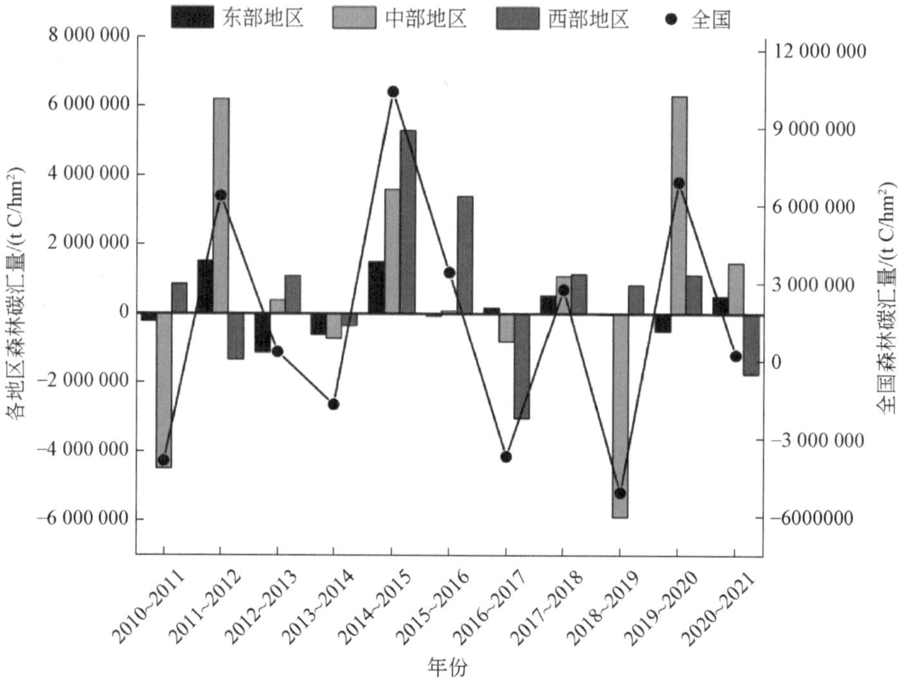

图 4-3　2010～2021 年中国及三大地区森林碳汇增量情况

依据“七五”计划将全国划分为东、中、西三大经济地带。其中，东部地区包括天津、北京、河北、辽宁、上海、江苏、浙江、福建、山东、广东和海南 11 个省（自治区、直辖市）；中部地区包括内蒙古、山西、黑龙江、吉林、安徽、江西、河南、湖北、湖南 9 个省（自治区、直辖市）；西部地区包括广西、云南、西藏、贵州、四川、重庆、陕西、甘肃、青海、宁夏和新疆 11 个省（自治区、直辖市）

从图 4-3 可知，中国及三大地区森林碳汇增量的演变过程呈现动态波动特征。并且，森林碳汇增量在不同年份之间存在较大差异，最高值为 2014～2015 年的 10 379 992（t C/hm^2），最低值为 2018～2019 年的−5 087 069t C/hm^2，相差 15 467 061t C/hm^2。上述结果说明中国整体森林碳汇的发展存在不稳定性，可能受到一定因素的发展阻力。从三大地区的测算结果来看，中部地区的森林碳汇增量随时间的演变变化差异较大，最低值为 2018 ~ 2019 年的-5 890 678t C/hm^2，最高值为 2019 ~ 2020 年的 6 298 618t C/hm^2；其次为西部地区，最低值为 2016 ~ 2017 年的-3 030 485t C/hm^2，最高值为 2014 ~ 2015 年的 5 290 028t C/hm^2；东部地区的森林碳汇增量动态演变趋势最为平缓，最低值为 2012 ~ 2013 年的-1 134 110t C/hm^2，最高值为 2011 ~ 2012 年的 1 516 965t C/hm^2。这些从侧面反映了西部地区和中部地区的森林碳汇发展环境存在较大的波动情况，受相关驱动因素的影响较大。

在研究 2010 ~ 2021 年中国及三大地区森林碳汇增量的动态演变分析基础上，借助 ArcGIS 10.8 软件对中国森林碳汇增量的重心转移及演变轨迹进行可视化分析，探究其空间演变特征。具体如表 4-1 所示。

表 4-1　2010 ~ 2021 年中国森林碳汇增量重心转移情况

年份	经度（°E）	纬度（°N）
2010 ~ 2011	101.42	29.39
2011 ~ 2012	114.33	37.23
2012 ~ 2013	110.58	37.85
2013 ~ 2014	109.67	29.66
2014 ~ 2015	110.44	32.68
2015 ~ 2016	103.89	29.02
2016 ~ 2017	105.96	30.5
2017 ~ 2018	109.54	29.09
2018 ~ 2019	105.51	30.51
2019 ~ 2020	111.18	40.50
2020 ~ 2021	115.88	38.17

从表 4-1 可知，研究期间中国森林碳汇增量重心分布在 101.42°E ~ 115.88°E、29.02°N ~ 40.50°N，整体呈现“西南—东北”的转移趋势。重心移动从 2010 ~ 2011 年的 101.42°E、29.39°N 转移到 2020 ~ 2021 年的 115.88°E、38.17°N，整体重心向东北方向移动 1100km。中国森林碳汇增量重心的显著转移说明西部地区虽然拥有丰富的森林资源，但森林碳汇量的增量并不高，这可能是因为随着时间的演变，西部地区的经济发展、土地利用等因素未得到充分发展。东部地区和中部地区在政府政策的大力支持下以及对生态环境的不断重视下，森林碳汇增量开始逐渐占据中国的主要部分。从重心转移轨迹来看，2011 ~ 2015 年的中国森林碳汇增量重心集中在 111.24°E，仅在纬度层面有较大改变。从重心转移的省（自治区、直辖市）层级上看，整体由四川转移到河北。

4.2.3 考虑林权异质性的中国森林碳汇技术效率测度

有别于前一部分内容，此部分内容根据中国森林所有权的属性，将2018年的30个省（自治区、直辖市）划分为国有林区、南方集体林区和混合林区（表4-2），根据参考林区的构建概念，首先需要计算每个省（自治区、直辖市）的技术差距，为此，使用式（4-16）~式（4-19）计算每个省（自治区、直辖市）的技术差距（TG）、共同前沿效率（ME）、群组前沿效率（GE）和共同前沿无效（MTI），以及分解的技术差距无效（TGI）和管理无效（GMI）。通过上述值，明确各省（自治区、直辖市）的异质性程度和效率损失的主要来源。

表4-2　林区内省（自治区、直辖市）的技术差距与效率损失情况

林区	省（自治区、直辖市）	TG	ME	GE	TGI	GMI	MTI
国有林区	云南	1.0000	1.0000	1.0000	0.0000	0.0000	0.0000
	吉林	1.0000	1.0000	1.0000	0.0000	0.0000	0.0000
	陕西	0.9978	0.2397	0.2402	0.0005	0.7598	0.7603
	甘肃	0.9106	0.1238	0.1359	0.0121	0.8641	0.8762
	四川	0.9073	0.6532	0.7199	0.0667	0.2801	0.3468
	青海	0.8902	0.0355	0.0399	0.0044	0.9601	0.9645
	辽宁	0.7427	0.2306	0.3105	0.0799	0.6895	0.7694
	内蒙古	0.6436	0.3025	0.4700	0.1675	0.5300	0.6975
	黑龙江	0.4243	0.4243	1.0000	0.5757	0.0000	0.5757
	新疆	0.4059	0.4059	1.0000	0.5941	0.0000	0.5941
南方集体林区	福建	1.0000	1.0000	1.0000	0.0000	0.0000	0.0000
	海南	1.0000	1.0000	1.0000	0.0000	0.0000	0.0000
	浙江	1.0000	0.4762	0.4762	0.0000	0.5238	0.5238
	广东	1.0000	0.3595	0.3595	0.0000	0.6405	0.6405
	江西	1.0000	0.3482	0.3482	0.0000	0.6518	0.6518
	贵州	1.0000	0.3042	0.3042	0.0000	0.6958	0.6958
	安徽	1.0000	0.2427	0.2427	0.0000	0.7573	0.7573
	湖北	1.0000	0.2354	0.2354	0.0000	0.7646	0.7646
	湖南	1.0000	0.1740	0.1740	0.0000	0.8260	0.8260
	广西	0.9143	0.2483	0.2715	0.0233	0.7285	0.7518

续表

林区	省(自治区、直辖市)	TG	ME	GE	TGI	GMI	MTI
混合林区	天津	0.5731	0.1052	0.1836	0.0784	0.8164	0.8948
	上海	0.4963	0.1506	0.3034	0.1528	0.6966	0.8494
	重庆	0.3814	0.3814	1.0000	0.6186	0.0000	0.6186
	宁夏	0.3754	0.0201	0.0535	0.0334	0.9465	0.9799
	江苏	0.3318	0.1474	0.4443	0.2969	0.5557	0.8526
	山东	0.3206	0.1162	0.3624	0.2462	0.6376	0.8838
	河南	0.2560	0.2560	1.0000	0.7440	0.0000	0.7440
	河北	0.2069	0.2069	1.0000	0.7931	0.0000	0.7931
	山西	0.1616	0.1616	1.0000	0.8384	0.0000	0.8384
	北京	0.0858	0.0858	1.0000	0.9142	0.0000	0.9142

TG 反映了各林区异质性现象。根据异质性程度，本章将省（自治区、直辖市）分为三类：①无异质性；②处于［0，0.5）的高度异质性；③处于［0.5，1.0）的低度异质性。各省（自治区、直辖市）的具体特征分析如下。

（1）数据表明，在 30 个省（自治区、直辖市）中，有 11 个省（自治区、直辖市）不存在异质性现象，分布在国有林区和南方集体林区。其中，两个省（自治区、直辖市）属于国有林区，其余省（自治区、直辖市）属于南方集体林区。南方集体林区的比例为 81.82%。说明南方集体林区几乎不存在异质性现象，主要原因可能是南方集体林区作为我国第三大天然林区，森林资源丰富，经历集体林区林权改革由试点到深化，极大地促进了人才、资本、技术等各种生产要素向集体林区聚集，盘活的林业资源促进了森林资源的发展，各省（自治区、直辖市）的技术效率得到极大提高，此外，南方集体林区包含的福建、海南、广东等十大省（自治区、直辖市）由于地理位置相近的特点很容易带来技术的扩散和资源的共享，使其区域内部具有相近的技术效率。

（2）有 11 个省（自治区、直辖市）的 ME 和 GE 之间的差距显著，其主要位于国有林区和混合林区。其中 9 个省（自治区、直辖市）均位于混合林区中，异质性现象严重，其中，以北京异质性现象最为严重，北京作为经济发达地区，其重点发展高新技术产业，林业是弱势产业，无法为碳汇提供优质的森林资源，虽然 2018 年北京新增造林绿化面积、城市绿地取得不错的成果，但由于其森林生长周期长，该地区仍属于技术低效区。总之，异质性高的省（自治区、直辖市）表明在投入产出效率方面仍有很大的改进空间，需要政府的高度重视。

（3）异质性程度在 0.5 ~ 1.0 的省（自治区、直辖市）被认为存在一定程度的异质性，但程度较轻。具体而言，这些省（自治区、直辖市）包括陕西、甘肃、四川、青海、辽宁、内蒙古、广西和天津，其中国有林区有六个，占比较高。这表明作为中国森林资源的“国家队”，国有林区在森林资源和林业建设方面具有显著优势。此外，国有林区实施的改革政策，如采伐限额和加强资源管理基础设施，已在一定程度上促进了国有林区产业结构的调整，提高了其技术效率。

由技术无效和管理无效共同引起效率损失的省（自治区、直辖市）包括上海、重庆、宁夏、江苏和山东，仅由技术无效引起效率损失的省（自治区、直辖市）包括河南、河北、山西和北京。这些省（自治区、直辖市）主要位于中国的华东和华北地区，是中国经济最发达和人口最密集的地区之一，因此森林资源发展并非该地区省（自治区、直辖市）的支柱性产业，不管是资源禀赋还是林业建设水平方面，均与东北林区和西南林区存在显著差距。

4.2.4 基于 PDA 模型的森林碳汇驱动因素指数分解

1. 森林碳汇增量的驱动因素结果分析

基于上述地区森林碳汇量及增量的差异情况，探究影响森林碳汇量的驱动因素，将 2010 ~ 2021 年中国森林碳汇量变化率分解为 7 个驱动因素。其变化指数大于 1 即对森林碳汇量提升为有利作用，其变化指数小于 1 即对森林碳汇量提升为抑制作用。以非期望指标潜在病虫鼠害发生强度变化为例，若其变化指数大于 1，则说明该地区相较其他指标在潜在病虫鼠害发生强度变化上控制处理效果较好，反之则较差。点线图代表各省（自治区、直辖市）森林碳汇量变化率的差异情况，具体如图 4-4 所示。

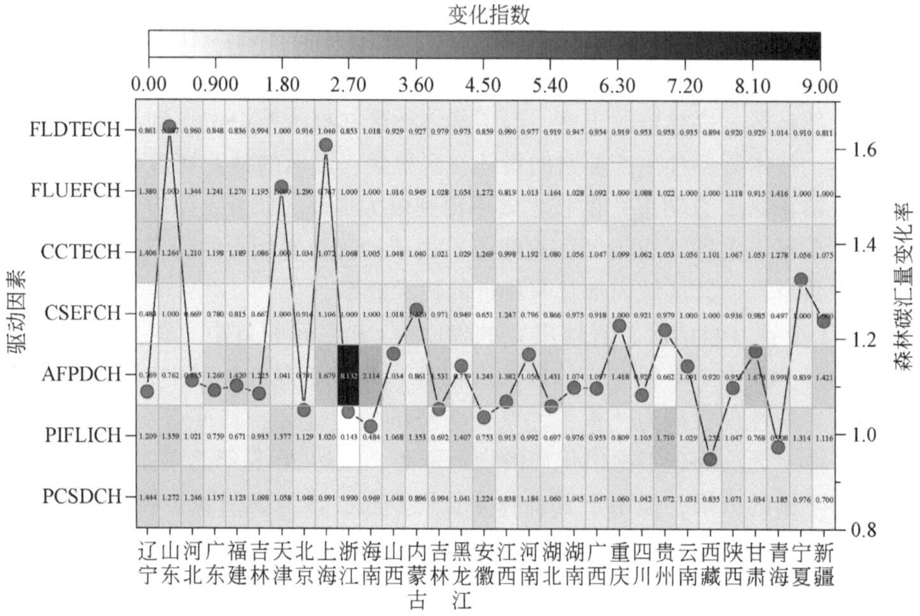

图 4-4　2010 ~ 2021 年中国森林碳汇量变化率及驱动因素分解结果

从图 4-4 可知，折线图代表 2010 ~ 2021 年中国各省（自治区、直辖市）森林碳汇量变化率的差异情况，反映出中国森林碳汇量变化率在各省（自治区、直辖市）之间存在一定差异，最高为山东的 1.643，最低为西藏的 0.946。29 个省（自治区、直辖市）的森林碳汇量变化率均大于 1，仅西藏和青海的森林碳汇量变化率小于 1，占比仅为 6.452%。具体而言，CCTECH 在中国 30 个省（自治区、直辖市）的分解结果中均大于 1，占比为 96.774%；FLUEFCH 在 27 个省（自治区、直辖市）的分解结果中均大于 1，占比为 87.097%。这体现了碳汇的技术变动和林地利用的技术效率变动对中国森林碳汇量提升为显著有利作用，并且进一步阐明了技术进步在发展森林碳汇过程中的重要性。

从对森林碳汇量变化率有抑制作用的驱动因素来看，AFPDCH、PIFLICH、CSEFCH 对一些省（自治区、直辖市）森林碳汇量提升均为抑制作用。其中，AFPDCH 对 12 个省（自治区、直辖市）的森林碳汇量提升具有抑制作用，占比为 38.710%；PIFLICH 对 15 个省（自治区、直辖市）的森林碳汇量具有抑制作用，占比为 48.387%；CSEFCH 对 18 个省（自治区、直辖市）的森林碳汇量具有抑制作用，占比为 58.065%。上述结果说明作为非期望产出指标的潜在病虫鼠害发生强度变化和森林病虫鼠害发生面积的变化率对大部分省（自治区、直辖市）的森林碳汇量提升均具有显著的抑制作用，进一步说明了森林病虫鼠害对森林生态环境及森林碳汇功能的危害性已不容忽视。此外，碳汇的技术效率变动对森林碳汇量提升的抑制现象也从侧面说明目前较多省（自治区、直辖市）在碳汇的技术效率变动方面还较为薄弱，需进一步提升。

为进一步探究中国三大地区森林碳汇量变化率及驱动因素的影响关系，继续作 2010～2021 年中国三大地区森林碳汇量变化率及驱动因素分解结果图，具体如图 4-5 所示。

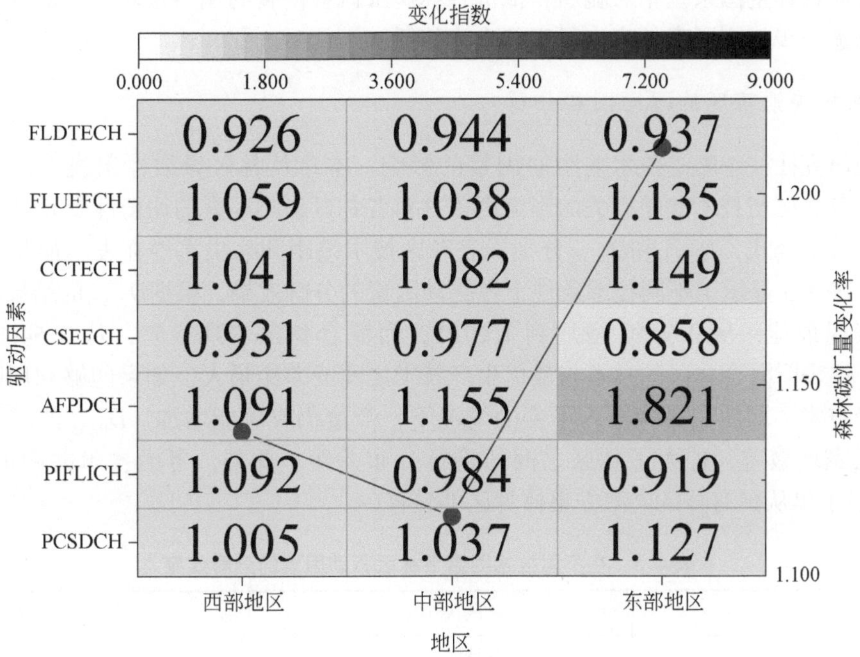

图 4-5　2010～2021 年中国三大地区森林碳汇量变化率及驱动因素分解结果

从图4-5可知，中国三大地区森林碳汇量变化率存在较大差异。三个地区的森林碳汇量变化率均值均大于1，东部地区的森林碳汇量变化率显著高于西部地区和中部地区。这说明东部地区虽然各年份森林碳汇量占全国的比例不断下降，但森林碳汇量仍呈上涨趋势，并且上涨幅度最大，整体森林碳汇的发展前景和发展趋势优于其他两个地区。从森林碳汇量变化率的有利驱动因素来看，PCSDCH、CCTECH、FLUEFCH、AFPDCH对三个地区的森林碳汇量提升均为促进作用，并且CCTECH和AFPDCH的促进作用大于PCSDCH和FLUEFCH。具体而言，CCTECH和AFPDCH对东部地区的有利驱动作用高于中部、西部地区，这可能是因为东部地区作为中国经济发达地区，科技创新水平位居全国前列，科技投入和技术化能力相对较高，病虫鼠害防治技术较为先进。因此，东部地区的整体技术进步幅度相对较大，从而有效推动了森林碳汇量的提升。此外，PIFLICH和FLDTECH对三个地区的森林碳汇量提升为抑制作用，并且非期望产出指标PIFLICH对东部地区的抑制作用最为明显，从侧面反映出东部地区虽然在森林病虫鼠害发生面积变化率上控制较好，但仍有潜在病虫鼠害发生的可能性。

从对森林碳汇量变化率有抑制作用的驱动因素来看，FLDTECH、CSEFCH、PIFLICH对三个地区的森林碳汇量提升均为抑制作用，并且CSEFCH的抑制作用最为显著，进一步表明当前中国碳汇的技术效率变动还较为薄弱，有待进一步提升。从非期望产出指标来看，PIFLICH对东部地区和中部地区为抑制作用。具体而言，东部地区和中部地区的大部分省（自治区、直辖市）较为湿润和温暖的气候为森林病虫鼠害的生存和繁殖提供了有利的生存环境。同时，从森林类型和植被结构来看，东部地区的森林多为人工林，树种相对单一，整体森林生态系统相对脆弱，抵抗森林病虫鼠害侵袭的能力也较弱。此外，复杂的人类活动进一步加剧了森林病虫鼠害的人为传播。

2. 森林碳汇密度的驱动因素分解

传统研究往往忽略了技术差距对因素的影响。本章从林区异质性出发，在不同条件下，比较各林区与技术差距有关的影响因素并对各林区影响因素的均衡性展开讨论。

根据分解公式，D_{CDUH}和D_{PAAM}分别代表考虑技术差距和病虫害潜在发生面积的森林碳汇密度。表4-3显示了不同技术条件下各驱动因素的分解效果。根据D_{CDUH}的结果，南方集体林区表现最佳，从0.9550增加到1.0721，而混合林区表现最差，从0.5468下降到0.1886。这表明混合林区的技术与最优生产技术之间的差距最大。如果能够利用森林间的最优生产技术，即使在保持投入不变的情况下，产量仍有可能增加。D_{PAAM}的结果也表明混合林区表现最差，扩大了林区之间的指标分布差距。此外，考虑技术差距的D_{CDUH}和D_{PAAM}均显示出从国有林区向南方集体林区的转移。

表4-3　在不同技术因素下林区驱动因素的分解效应

项目	林区	D_{CDUH}	D_{PAAM}
未考虑技术差距（TG）	国有林区	1.1063	1.1753
	南方集体林区	0.9550	0.6941
	混合林区	0.5468	4.3104

续表

项目	林区	D_{CDUH}	D_{PAAM}
考虑技术差距（TG）	国有林区	0.9430	1.3789
	南方集体林区	1.0721	0.6183
	混合林区	0.1886	12.4978
考虑组间技术效率（GE）	国有林区	1.6335	0.7960
	南方集体林区	0.9464	0.7004
	混合林区	1.0027	2.3504
考虑组内技术效率（ME）	国有林区	1.3924	0.9339
	南方集体林区	1.0625	0.6239
	混合林区	0.3458	6.8152

基于每个省（自治区、直辖市）在考虑因子 TG 前后的D_{CDUH}和D_{PAAM}变化，现将这两个指标分为下降、上升和稳定三种趋势。

对于D_{CDUH}：①呈现下降趋势的省（自治区、直辖市）具体包括黑龙江、新疆、重庆、宁夏、江苏、山东、河南、河北、山西和北京。国有林区包括分别位于中国东北和西北地区的黑龙江和新疆，两地的下降率均超过50%。这两个地区受到林地分散、地形复杂等不利因素的影响，森林资源地理分布不均，导致资源利用效率低下。其余省（自治区、直辖市）为混合林区，占比达80%，其下降的原因是林业并非主导产业，因此进入林业领域的资金、人力和其他资源极少。②除下降趋势外，其余省（自治区、直辖市）均保持稳定趋势，未出现显著增长。具体包括云南、吉林、陕西、甘肃、四川、青海、辽宁、内蒙古、福建、海南、浙江、广东、江西、贵州、安徽、湖北、湖南、广西、天津、上海，这些省（自治区、直辖市）主要分布在国有林区和南方集体林区。国有林区拥有丰富的森林资源，是中国主要林业生态工程实施地；而南方集体林区是中国重要林业基地之一。在考虑技术差距后，该林区内的森林碳汇密度未见显著增长，这表明其当前技术水平与潜在最优水平之间的差距相对较小，符合该地区森林资源的实际状况。

对于D_{PAAM}：①显示上升趋势的具体省（自治区、直辖市）包括重庆、宁夏、江苏、山东、河南、河北、山西和北京，这些省（自治区、直辖市）位于混合林区。结果表明，森林资源管理不善导致的病虫鼠害发生对森林碳汇密度有显著影响。此外，混合林区的技术水平和森林资源质量与国有林区和南方集体林区相比存在一定差距。因此，结果显示混合林区受病虫鼠害影响最大，病虫鼠害潜在发生面积最大。②显示病虫鼠害潜在发生面积呈下降趋势的省（自治区、直辖市）包括海南、湖南和江西，这些省（自治区、直辖市）属于南方集体林区。在这三个地区中，海南的下降率最大，为22.40%，而湖南和江西的下降率均低于20%。海南是一个面积较小的省，经济发展水平较低。近年来，为了确保森林资源的健康发展，海南积极采取了一系列预防和控制措施，抓住了国家政策机遇，利用其独特的自然优势发展林业产业。通过这些努力，海南在病虫鼠害防治方面取得了显著成就。湖南和江西地理位置相邻，经济实力增强，财政上支持病虫鼠害防治措施。江西甚至将松材线虫病的防治纳入政府考核，使两省在病虫鼠害防治方面取得显著成效。③63%的省（自治区、直辖市）保持稳定趋势。具体包括云南、吉林、辽宁、黑龙江、四川、陕西、甘肃、青海、内蒙古、新疆、福建、浙江、广东、贵州、安徽、湖北、广西、天津、上海。东北林区的辽宁、吉林和黑龙江，以及西南林区的四川和云南，拥有丰富的天然森林资源。因此，树种和生物多样性在一定程度上减少了病虫鼠害的发生。尽管天然林具有一定的自我调节能力，但当外部干扰发生时，病虫鼠害仍可能损害森林资源。因此，加强监测和管理仍然至关重要。虽然东南林区的福建、浙江和广东等省（自治区、直辖市）也有丰富的森林资源，但与东北林区和西南林区相比，天然林的比例相对较低，人工林和次生林较多，生态系统较为脆弱，容易发生病虫鼠害，需要加强防治体系建设。

3. 讨论

1）森林碳汇密度的转移

本章主要将异质性的技术效率纳入森林碳汇密度以及森林病虫鼠害发生面积两个单指标生产率中。研究结果表明，与不考虑异质性的结果相比，考虑异质性后的森林碳汇密度（D_{CDUH}）从国有林区向南方集体林区转移。值得注意的是，南方集体林区的技术差距低于国有林区。这一观察结果显然与国有林区的技术和资源优势不一致。这种转移表明，国有林区在森林碳汇方面的潜力尚未得到充分发挥。造成这种现象的主要原因是，近年来，国有林区的公益属性增强，导致缺乏差异化的绩效奖励，在没有激励机制的情况下，森林管理的低效率导致了技术差距的增加。然而，在这些地区，林业产业的发展尤为重要。工业发展带来的资本收入提高了森林管理的水平，从而提高了森林碳汇的技术效率。国有林区和南方集体林区的共同努力对中国应对全球气候变化具有重要意义。为了发挥各自的优势，有必要促进国有林区和集体林区的协调发展，从而全面提升中国的森林碳汇能力。

关于考虑异质性的病虫鼠害影响面积（D_{PAAM}），也从国有林区向南方集体林区转移，不过转移幅度较小。然而，混合林区的增幅较大，导致区域分布差异更大。造成这种现象的原因是混合林区复杂的森林所有制结构需要更清晰的林权。在实施防控措施时，利益相关者之间的责任划分不明确，难以推动防控措施和政策的落实。

2）模型比较分析

指数分解在能源与环境领域中是常用的一种分析技术，本章通过将该方法应用于森林碳汇领域，利用 PDA 方法，在生产理论框架内将聚合指标分解为若干因素。相对于传统模型，可行之处为充分考虑林区异质性问题，具体包括如下两点。

第一，现有研究大多数关注影响森林碳汇的外部因素，并基于这些因素提出对策建议，很少有研究考虑内部投入产出因素，为森林资源配置提供具体的优化方案。本章通过分析林业系统内部投入产出的结构来分析影响森林碳汇的因素，选择土地面积和病虫鼠害发生面积作为影响森林碳汇密度的主要驱动因素，同时将对森林碳汇有间接影响的劳动力和资本投入纳入生产框架，多指标效率测量有助于提高研究结果的准确性，增强政策建议的针对性。

第二，传统研究考虑了决策单元的异质性，但没有将由此产生的技术效率差距纳入 PDA 模型。本章在考虑林区异质性条件下，利用共同前沿模型，对各省（自治区、直辖市）的技术差距进行测算并比较其异质性特征，进一步考虑异质性技术效率差距对森林碳汇密度以及病虫鼠害潜在发生的影响，研究更加接近中国森林资源的实际情况。

4.3 效率视角下森林碳汇增量的预测研究

4.3.1 效率视角下产出增量预测模型

由于森林资源具有投入周期较长、产出效益滞后等特点，因此从时间视角上对森林资源配置进行预测研究，可以提高森林资源管理效果，使森林资源均衡配置，突破资源短缺的瓶颈，促进森林碳汇产出的持续增长。

本研究以我国 30 个省（自治区、直辖市）（不包含西藏）作为 DMU 为例，假设每个 $DMU_j(j=1, 2, \cdots, 30)$ 有 3 个投入变量，表示为 $X_j=(X_{1j}, X_{2j}, X_{3j})^T$，其中，劳动投入 $X_1=(X_{11}, \cdots, X_{1j})$，资本投入 $X_2=(X_{21}, \cdots, X_{2j})$，土地投入 $X_3=(X_{31}, \cdots, X_{3j})$，则 X_j 构成一个 3×30 的矩阵：

$$\begin{pmatrix} X_{11} & X_{12} & X_{13} \\ X_{21} & X_{22} & X_{23} \\ \vdots & \vdots & \vdots \\ X_{301} & X_{302} & X_{303} \end{pmatrix}^T \tag{4-37}$$

1 个产出变量，即森林碳汇量，表示为 $Y_j=(Y_{1j})^T$，Y_j 为一个 1×30 的向量$(Y_{11}, Y_{12}, \cdots, Y_{1j})$。改变后的投入变量记为 $X_j^*=(X_{1j}^*, X_{2j}^*, X_{3j}^*)^T$。每个 DMU_j 的效率值记为 $\varphi_j=(\varphi_1, \varphi_2, \cdots, \varphi_j)$，投入变化后得到的新效率值记为 $\varphi_j^*=(\varphi_1^*, \varphi_2^*, \cdots, \varphi_j^*)$。

当满足 DEA 生产可能集公理时，以上投入产出指标构成 CCR 模型的生产可能集可用 PPS^C 表示如下。

$$PPS^C = \left\{(X,Y) \,\middle|\, \sum_{j=1}^{n} \lambda_j X_j \leqslant X, \sum_{j=1}^{n} \lambda_i Y_j \geqslant Y, \lambda_j \geqslant 0, j=1,2,\cdots,n \right\} \tag{4-38}$$

将投入改变后得到的新生产可能集表示为

$$PPS^{C*} = \left\{(X,Y) \,\middle|\, \sum_{j=1}^{n} \lambda_j X_j^* \leqslant X^*, \sum_{j=1}^{n} \lambda_i Y_j \geqslant Y, \lambda_j \geqslant 0, j=1,2,\cdots,n \right\} \tag{4-39}$$

在生产可能集PPS^C 下，通过 CCR 模型得到各省（自治区、直辖市）的效率值φ_d；调整投入量，生产可能集由PPS^C 变为PPS^{C*}，得到新的效率值φ_d^*，此时有不同生产可能集下的不同效率值。将两个效率值φ_d 和φ_d^* 进行对比。若新得到的效率值提高，说明调整后的投入指标相较于调整前处于资源配置更优状态，那么在逆 DEA 模型生产可能集PPS^N 下，若要保持原效率不变，产出指标量应当减少；若该效率值降低，则说明在逆 DEA 模型生产可能集PPS^N 下，只要保持效率不变，在该资源配置情况下的产出指标量将会提高，所以有如下定理。

定理 4-1：基于两个生产可能集PPS^C 和PPS^{C*}，根据测算DMU_d 的 CCR 效率φ_d 和φ_d^*。

若$\varphi_d>\varphi_d^*$，则在保持φ_d不变的情况下，有$(X_d^*, Y_d+\Delta Y_d)\in PPS^N$，其中$\Delta Y_d>0$；若$\varphi_d<\varphi_d^*$，则在保持$\varphi_d$不变的情况下，有$(X_d^*, Y_d+\Delta Y_d)\in PPS^N$，其中$\Delta Y_d<0$。

考虑到森林资源投资周期长、时间跨度大、效率变动幅度小等因素，本研究使用逆DEA模型，在原效率视角下对森林碳汇变动情况进行预测。逆DEA模型是DEA模型的反问题，主要用于处理当前效率下的资源配置和预测问题。考虑保持当前效率不变情况下，如果增加该DMU的投入，那么其产出能够增加多少；如果在给定产出增加的情况下，投入应该增加多少。在维持DMU_d效率不发生变化的前提下，改变其投入或产出后的决策单元记为DMU_d^*。对于当前所有DMU，用φ_1'，φ_2'，…，φ_n'表示其最优相对效率的值。投入增量表示为$\Delta X_d=(\Delta x_{1d}, \Delta x_{2d}, \cdots, \Delta x_{md})$，产出增量表示为$\Delta Y_d=(\Delta y_{1d}, \Delta y_{2d}, \cdots, \Delta y_{rd})$，改变后的投入量表示为$\alpha_d=\Delta x_d+x_d$，改变后的产出量表示为$\beta_d=\Delta y_d+y_d$。

上述基于效率不变的产出型逆DEA模型可表示为

$$\max\ W^{T}\Delta T_{Yd}=W^{T}(\Delta Y_{1d},\Delta Y_{2d},\cdots,\Delta Y_{rd})$$

$$\text{s.t.}\begin{cases}\sum_{j=1}^{n}\lambda_j X_{ij}\leqslant\alpha_{id}\\ \sum_{j=1}^{n}\lambda_j Y_{rj}\geqslant\varphi_d\beta_{rd}\\ \lambda_i\geqslant 0, i=1,\cdots,m, r=1,\cdots,s, j=1,\cdots,n\end{cases}\tag{4-40}$$

式中，W^T为r种产出的权重分配值，本章中只存在一个产出指标，因此$W^T=(1)$。因此基于逆DEA模型的生产可能集（Contreras et al., 2021）表示为

$$PPS^N=PPS^N\cap\{(X,Y)\mid X\leqslant\alpha_d, Y\leqslant\beta_d\}\tag{4-41}$$

灰色预测是一种对含有不确定因素系统进行预测的方法，通过鉴别因素间发展趋势的相异程度，即关联分析，对原始数据进行生成处理，从而寻找系统变动规律，生成有较强规律性的数据序列，最后建立相应的微分方程，预测事物未来发展趋势。构建GM(1, 1)灰色预测模型。首先，通过各项指标分别构建原始数列：

$$X^{(0)}=(x^0(1),x^0(2),\cdots,x^0(n))\tag{4-42}$$

其次，对建立的原始数列进行一次累加，生成累加数列：

$$X^{(1)}=(x^1(1),x^1(2),\cdots,x^1(n))\tag{4-43}$$

再次，对累加生成序列$X^{(1)}$进行加权邻值生成：

$$z^{(1)}(k)=(\alpha x^0(k)+(1-\alpha)x^0(k-1))\quad k=2,\cdots,n\tag{4-44}$$

定义灰色微分方程为

$$X^0(k)+aZ^1(k)=b\tag{4-45}$$

式中，a为发展系数；b为灰色作用量。将求得的a、b代入白化方程：

$$\frac{dX^1}{dt}+aX^1=b\tag{4-46}$$

得到相应函数的解方程式和原始数据序列$x^{(0)}$的预测值，分别为式（4-47）和式（4-48）：

$$\widehat{x}(k+1)=(x^1(0)-\frac{b}{a})e^{-ak}+\frac{b}{a},k=1,2,\cdots,n-1\tag{4-47}$$

$$\hat{x}^{(0)}(k+1)=\hat{x}^{(1)}(k+1)-\hat{x}^{(1)}(k)=(1-e^{\hat{a}})\left(x^{(0)}(1)-\frac{\hat{b}}{\hat{a}}\right)e^{-\hat{a}k} \tag{4-48}$$

最后，需要对模型的精度进行检验。首先计算$x^{(0)}$（k）的均值$\bar{X}$、标准差S_1、残差$\varepsilon^{(0)}(k)$、残差均值$\bar{E}$、残差标准差S_2，如式(4-49)～式(4-53)所示：

$$\bar{X}=\frac{1}{n}\sum_{k=1}^{n}x^{(0)}(k) \tag{4-49}$$

$$S_1=\sqrt{\frac{1}{n}\sum_{k=1}^{n}[x^{(0)}(k)-\bar{X}]^2} \tag{4-50}$$

$$\varepsilon^{(0)}(k)=x^{(0)}(k)-\hat{x}^{(0)}(k),k=2,3,\cdots,n \tag{4-51}$$

$$\bar{E}=\frac{1}{n-1}\sum_{k=2}^{n}\varepsilon^{(0)}(k) \tag{4-52}$$

$$S_2=\sqrt{\frac{1}{n-1}\sum_{k=2}^{n}[\varepsilon^{(0)}(k)-\bar{E}]^2} \tag{4-53}$$

由以上结果计算后验差比值C和小误差概率P，如式（4-54）和式（4-55）所示：

$$C=\frac{S_2}{S_1} \tag{4-54}$$

$$P=P\{|\varepsilon^{(0)}(k)-\bar{E}|\leqslant 0.6745S_1\} \tag{4-55}$$

一般情况下，P、C 的精确取值范围如表 4-4 所示。

表 4-4　P、C 精度预测等级

项目	预测精度			
	优秀	合格	勉强	不合格
小误差概率 P	≥0.95	≥0.8	≥0.7	<0.7
后验差比值 C	≤0.35	≤0.5	≤0.65	>0.65

森林碳汇增量研究模型构建步骤如下。步骤 1：运用灰色预测模型测算改变后的投入变量，即X_j^*。步骤 2：将改变前的投入变量X_j 和改变后的投入变量X_j^* 分别与产出变量Y_j 代入 CCR 模型，计算得到两个生产可能集下的效率值φ_d 和φ_d^*。步骤 3：对比两个效率值φ_d 和φ_d^*，筛选出效率降低的省（自治区、直辖市）。步骤 4：对于效率降低的省（自治区、直辖市），利用逆 DEA 模型研究其碳汇增量，即在保证其效率不变的情况下，探索碳汇增量的变化情况。具体过程如图 4-6 所示。

4.3.2　碳达峰目标下森林碳汇增量的预测

1. 增量预测

考虑到我国林地面积有限，土地指标的改变量不大，所以采用 2017～2019 年平均造

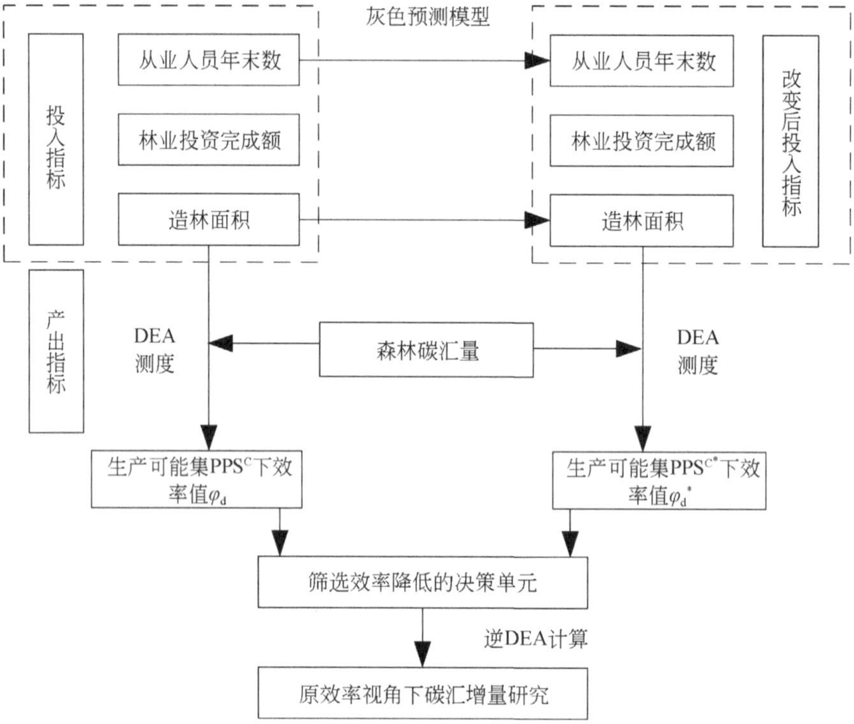

图 4-6　森林碳汇增量探索流程图

林面积作为新生产可能集的土地投入指标。采用灰色预测 GM（1.1）模型，对新生产可能集的林业从业人员年末数及林业投资完成额进行估算，林业从业人员年末数选用 2000 ~ 2019 年数据作为原始数据；林业投资完成额选用 2011 ~ 2019 年数据作为原始数据，这是由于我国 2010 年前只核算固定资产完成额，林业投资完成额在 2011 年首次出现在林业统计年鉴中。

下面，以北京地区林业投资完成额为例对灰色预测过程进行说明。首先根据式(4-42) ~ 式(4-44)分别构建原始序列、累加序列和生成领值序列；其次根据式（4-45）计算出灰色微分方程的两个参数值，其中，发展系数 $\widehat{a}_{北京}=0.0402$，灰色作用量 $\widehat{b}_{北京}=302\,449$。将求得的参数代入式（4-46），可以得到相应时间序列响应方程：

$$\widehat{x}_{北京}(k+1)=\left(x^{1}_{北京}(0)-\frac{\widehat{b}_{北京}}{\widehat{a}_{北京}}\right)\mathrm{e}^{-\widehat{a}_{北京}k}+\frac{\widehat{b}_{北京}}{\widehat{a}_{北京}},k=1,2,\cdots,n-1 \tag{4-56}$$

从而得到北京地区林业投资完成额的原始序列预测值：

$$\widehat{x}^{(0)}_{北京}(k+1)=\widehat{x}^{(1)}_{北京}(k+1)-\widehat{x}^{(1)}_{北京}(k)=\left(1-\mathrm{e}^{\widehat{a}_{北京}}\right)\left(x^{(0)}_{北京}(1)-\frac{\widehat{b}_{北京}}{\widehat{a}_{北京}}\right)\mathrm{e}^{-\widehat{a}_{北京}k} \tag{4-57}$$

最后，使用式(4-49) ~ 式(4-55)对模型精度进行检验，其后验差比值 $C=0.4852$，小概率误差 $P=0.8750$，检验结果为合格。根据上述过程，对我国部分省(自治区、直辖市)的从业人员年末数和林业投资完成额进行灰色预测，精度检验平均后验差比值 C 小于 0.5，小概率误差 P 大于 0.8，检验结果为合格。预测所得 2030 年数据如表 4-5 所示。

表 4-5　2030 年部分地区投入指标预测情况

DMU	从业人员年末数/人	林业投资完成额/万元	造林面积/万 hm^2
北京	14 213.8	2 929 361.5	29 794.0
天津	525.2	399 726.9	10 054.3
河北	22 102.2	4 207 203.8	555 196.0
山西	22 754.4	1 200 342.2	306 270.0
内蒙古	53 670.2	1 955 766.1	632 972.0
辽宁	20 658.3	85 997.9	151 546.3
吉林	59 792.7	1 343 898.2	144 533.3
黑龙江	184 890.9	1 340 881.4	95 743.0
上海	1 874.7	976 126.4	3 268.0
江苏	11 486.1	658 479.0	3 6851.0
浙江	5 265.3	1 372 514.2	54 448.3
安徽	14 093.9	948 282.2	137 153.7
福建	10 517.8	1 414 838.8	218 551.0
江西	33 126.1	2 700 544.1	293 370.0
山东	14 038.9	1 032 556.6	145 453.3
河南	25 763.2	5 345 893.6	167 842.3
湖北	17 350.3	9 499 127.9	325 734.0
湖南	34 332.2	168 168.1	547 230.0
广东	18 417.1	9 285 556.5	282 151.3
广西	29 634.6	378 863.0	205 740.7
海南	10 384.3	5 362 297.3	12 632.0
重庆	4 972.5	1 978 886.4	241 462.7
四川	22 197.0	4 030 144.3	554 572.7
贵州	18 336.6	4 360 092.6	501 225.7
云南	30 317.7	1 016 097.6	419 468.3
陕西	30 567.5	2 562 457.7	326 840.7
甘肃	38 917.1	923 749.1	347 925.3
青海	29 000.3	275 192.4	194 375.7
宁夏	8 780.4	865 615.1	89 941.3
新疆	20 663.0	297 914.3	263 358.3

2. 逆 DEA 分析结果

以2030年数据为投入指标构建新生产可能集PPS^{C*}，基于生产可能集PPS^{C}和PPS^{C*}，分别测算部分省（自治区、直辖市）森林碳汇的CCR效率值φ_d和φ_d^*，如表4-6所示。

表4-6　2019年与2030年CCR效率及偏差

DMU	2019年	2030年	偏差	DMU	2019年	2030年	偏差
北京	0.132	0.110	−0.022	湖北	0.348	0.290	−0.058
天津	0.206	0.149	−0.057	湖南	0.254	0.823	0.569
河北	0.181	0.081	−0.100	广东	1.000	0.373	−0.627
山西	0.146	0.094	−0.052	广西	0.506	0.876	0.370
内蒙古	0.503	0.505	0.002	海南	1.000	1.000	0.000
辽宁	0.449	1.000	0.551	重庆	1.000	0.553	−0.447
吉林	0.853	0.902	0.049	四川	0.899	1.000	0.101
黑龙江	1.000	1.000	0.000	贵州	0.300	0.273	−0.027
上海	0.258	0.194	−0.064	云南	1.000	1.000	0.000
江苏	0.338	0.352	0.014	陕西	0.395	0.290	−0.105
浙江	0.922	1.000	0.078	甘肃	0.185	0.151	−0.034
安徽	0.356	0.351	−0.005	青海	0.142	0.083	−0.059
福建	0.851	0.926	0.075	宁夏	0.032	0.023	−0.009
江西	0.322	0.353	0.031	新疆	0.580	0.656	0.076
山东	0.152	0.167	0.015	均值	0.486	0.389	−0.097
河南	0.261	0.253	−0.008				

根据定理4-1，考虑在2030年时的森林碳汇量变化情况，对不同情况省（自治区、直辖市）进行分类。从效率变化角度出发，根据效率变化情况，划分为效率提高、效率降低和效率不变三种类型。其中，效率提高的省（自治区、直辖市）包括内蒙古、辽宁、吉林、江苏、浙江、福建、江西、山东、湖南、广西、四川和新疆，共计12个省（自治区、直辖市）；效率降低的省（自治区、直辖市）有北京、天津、河北、山西、上海、安徽、河南、湖北、广东、重庆、贵州、陕西、甘肃、青海和宁夏，共计15个省（自治区、直辖市），黑龙江、海南、云南3地的效率未发生变化。本章基于逆DEA模型，在效率不变的前提下，研究效率降低的地区投入改变后的碳汇增量，测算结果如表4-7所示。

表4-7　效率降低地区逆DEA结果

DMU	综合效率	Δx_1/人	Δx_2/万元	$\Delta x_3/hm^2$	Δy/t
北京	0.132	3 726	540 924	−185	8 240

续表

DMU	综合效率	Δx_1/人	Δx_2/万元	$\Delta x_3/hm^2$	Δy/t
天津	0. 206	-138	-48 658	1406	619
河北	0. 181	3 391	2 775 971	-45 760	17 460
山西	0. 146	553	125 665	-33 878	7 270
上海	0. 258	452	735 781	85	5 198
安徽	0. 356	-2 225	-108 656	-1 339	1 490
河南	0. 261	587	3 367 971	-5 754	24 868
湖北	0. 348	-7 647	6 177 305	-4 923	28 100
广东	1. 000	-8 506	9 156 937	11 689	169 362
重庆	1. 000	83	1 213 134	-28 540	28 991
贵州	0. 300	-14 420	1 370 015	154 550	1 060
陕西	0. 395	2 130	1 420 887	-21 253	26 193
甘肃	0. 185	4 971	-440 522	-44 840	2 888
青海	0. 142	20 585	-301 019	-11 528	1 925
宁夏	0. 032	1231	570 612	-10 114	746

以北京为例，2030 年时，在维持森林碳汇综合效率不变的情况下，投入增量为 $\Delta x_{北京}=(3726,540\,924,-185)$，得到产出指标的理论最优增加值为 $\Delta y_{北京}=8240t$。表明，在 2019 年原有投入基础上，将林业从业人员年末数增加 3726 人，林业投资完成额增加 540 924 万元，造林面积减少 185hm^2，将使森林碳汇量增加 8240t。对于综合效率为 1 的广东和重庆而言，未来在人员投入方面可以适当减少或保持不变，但必须保证资金投入量的增加，资金投入量的增加一定程度上将会推高科技投入比例的增加，以维持效率最优。而对于广东，其造林面积仍存在较大的增加空间，表明广东依然有未开发的林地，或通过退耕还林等措施继续增加造林面积，提高森林覆盖率，2030 年的碳汇增量将达到全国范围最大。

对于天津、安徽、甘肃、青海，多数指标的投入值出现大幅度下降，其中，天津和安徽的人员、资金投入下降，甘肃和青海则是造林面积和资金投入下降。对于这种多数指标都下降的情形，在保证效率不变的前提下仍能保证碳汇的增长，表明地区当前综合效率未达到实际能够达到的技术水平，较低的综合效率假设使预测的碳汇增长率处于较低水平。因此，需要对现有技术水平下各个投入指标的松弛变量进行资源优化再配置，以提高综合效率，从而实现 2030 年碳汇增长量的新高度。对于河北、河南、陕西、山西、宁夏，造林面积下降，劳动和资金投入上升，即造林面积下降的情况下仍能通过增加林业人员以及资金投入保证碳汇增长，表明现有森林经营水平较低，单位面积的森林蓄积量不高。因此，对于现阶段的发展，在现有造林面积下重视森林经营水平，以提高森林碳汇的综合效率。在更高的综合效率前提下，实现较大的碳汇增量。

综上所述，基于逆 DEA 模型，在对投入指标预测的基础上，森林碳汇增量的估算对研究森林碳汇资源优化配置具有现实意义。各地区的投入指标均存在一定的不合理之处，合理配置资金分配，加大对林业基础员工、林业高质量人才的引进，提高林业发展的科学性和专业性，以提高综合效率。

4.4 本章小结

本章围绕考虑生产技术效率的森林碳汇增量展开研究，深入探讨森林碳汇增量的必要性、驱动因素及其时空演变特征，并基于效率视角对森林碳汇增量进行预测分析。主要结论如下。

（1）森林碳汇在全球气候变化应对中具有重要作用，其固碳能力占陆地生态系统的80%以上，是实现碳中和目标的核心手段。然而，当前中国森林碳汇的发展仍面临诸多挑战，包括技术开发难度大、森林资源质量低、病虫鼠害危害严重以及区域自然条件不均衡等问题。这些问题严重制约了森林碳汇的高质量发展，亟须通过科学研究挖掘其潜力。

（2）通过PDA模型分析发现，森林碳汇增量可分解为技术进步、病虫鼠害变化、碳汇效率等关键因素。技术进步对碳汇量提升作用显著，尤其是东部地区，其科技创新水平高、技术投入能力强，有效推动了森林碳汇量的提升。然而，病虫鼠害对多数省（自治区、直辖市）碳汇量提升有抑制作用，尤其是中部和西部地区，潜在病虫鼠害发生强度变化和森林病虫鼠害发生面积的变化率成为主要的不利因素。此外，碳汇的技术效率变动在多数省（自治区、直辖市）仍较为薄弱，有待进一步提高。

（3）对于由林业产权差异引起的林区异质性，本章采用共同前沿技术差距测量方法，并将这些技术差距纳入空间PDA模型中，进一步考虑共同前沿效率和群组前沿效率。研究结果表明，各林区在与参考林区进行比较时，受到不同主导因素的影响，但均在不同程度上受到潜在病虫鼠害发生面积的影响。森林碳汇密度受到林区在资源投入、经营管理等方面异质性的影响，增加技术差距充分考虑了林区异质性问题，缩小了测算结果与林区真实情况的偏差。此外，模型的第二阶段分解捕捉了不同因素之间替代效应对森林碳汇密度的影响，这是IDA和SDA所不具备的优势。

（4）基于逆DEA模型和灰色预测方法，本研究对2030年的森林碳汇进行了预测分析。结果表明，多数省（自治区、直辖市）的综合效率有所下降，但通过优化投入指标（如增加林业从业人员年末数、提高资金投入等），仍可在维持效率不变的情况下实现碳汇量的增加，特别是广东、重庆等省（自治区、直辖市），通过调整投入结构，有望实现较大的碳汇增量。此外，部分省（自治区、直辖市）如天津、安徽等存在投入指标不合理的情况，需要通过资源优化再配置提高综合效率，从而实现更高的碳汇增长目标。

综上所述，本章的研究不仅揭示了森林碳汇的驱动因素及其时空演变特征，还从效率视角对森林碳汇进行了预测，为提升森林碳汇经营管理的科学性提供了理论支持。在影响因素分解中仅考虑森林自然灾害，未涉及其他角度的驱动因素，使结果不够全面，未来的研究可以进一步深入探讨如何通过技术创新和政策支持有效提升森林碳汇的技术效率，减少不同地区森林碳汇的差异程度，从而更好地实现森林碳汇潜力的充分挖掘。

第5章 森林碳汇区间效率测算及标杆设置研究

5.1 森林碳汇指标数据区间化的必要性

森林碳汇在改善全球气候变暖方面，已被国际公认为最有效的途径之一（杜之利等，2021）。森林碳汇效率的研究是指对森林碳汇过程中的投入产出效率进行科学的测度，并对其驱动因素进行分析（Kao，2000）。森林碳汇效率是森林碳汇研究的重要组成部分，其研究成果可以为制定差异化的林业发展政策提供依据。由于DEA方法可以通过分析同质DMU多种投入与多种产出之间的比率，识别出绩效表现最佳的DMU，近年来，DEA方法已成为评价森林碳汇效率的重要工具。基于DEA方法，学者结合时间与空间视角来探讨森林碳汇中存在的投入产出有效性、技术效率、规模效率等方面的问题。区域视角下，学者基于DEA模型，分别针对省（自治区、直辖市）、县域、林区的森林碳汇进行效率评价，判别其规模效率（姚仁福等，2021），考虑其空间分布的特点以及跨区域溢出效应（Yin et al.，2022；Zhao et al.，2023）。采用生物量法和DEA-Tobit面板回归模型，分析森林碳汇效率水平的影响因素，对碳汇效率进行修正，探索中国土地利用率对碳汇的影响（Wei and Shen，2022；Wang et al.，2022；Młynarski et al.，2021）。时空视角下，主要基于森林碳汇的相关面板数据，构建含有正外部性产出的DEA-Malmquist效率指数模型（Kao，2010），以时空、动静相结合的方式分析林业碳汇效率变化情况（薛龙飞等，2016），从气候变化的程度和资金投入规模与结构的相关性探讨其驱动因素（齐林和周小林，2018；Wang et al.，2022），并从资源配置视角谈论森林碳汇效率，采用逆DEA模型探索中国碳汇增量（He et al.，2022）。然而，在森林碳汇效率评价中，由于受到空间异质性、时间变化性、测量仪器精度的局限性等因素的影响，对于一些相关指标（如土地碳存储量、森林碳密度、枯死木排放量等），无法采集到精确数据，只能估算出这些指标取值的大致范围，利用区间数来表示这些指标数据是更为直观合理的（潘竟虎和文岩，2015；Chen et al.，2020）。因此，通过充分考虑资源以及环境的承载能力，基于现有的区间DEA理论，考虑指标数据区间化特征，实现更为合理的森林碳汇标杆设置，对缓解经济发展和环境保护之间日益增强的矛盾有着十分重要的意义。

5.2 基于生产可能集的区间效率测算模型

5.2.1 基础理论

考虑有 n 个 DMU，单个$DMU_j(j=1, 2, \cdots, n)$有 m 项投入 $x_{ij}(j=1, 2, \cdots, m)$、$s$ 项产出 $y_{rj}(j=1, 2, \cdots, s)$。定义 $T=\{(x, y) \mid$ 投入 x 可生产出 $y\}$ 为参照集，为研究系统的结构，对参照理、锥性公理、无效性公理与最小性公理，将生产可能集记为 PPS。

$$\mathrm{PPS}=\left\{(x,y)\ \middle|\ \sum_{j=1}^{n}\lambda_j x_j \leqslant x,\sum_{j=1}^{n}\lambda_j y_j \geqslant y,\lambda_j \geqslant 0\right\} \tag{5-1}$$

区间数常常用来刻画指标数据的区间变化，结合区间数的定义和性质，通过区间数可能度理论可以定量刻画区间数的优先级，现给出相关定义和理论如下。

定义 5-1（Moore and Lodwick，2003）：设 $\bar{a}=[a^{\mathrm{L}}, a^{\mathrm{U}}]$是一个区间数，其中 a^{L}，$a^{\mathrm{U}} \in R$。$I(R)$代表一个区间数集合。如果 $a^{\mathrm{L}}=a^{\mathrm{U}}$，那么 a 就会退化为一个实数。$\bar{a}$ 的长度是 $m(\bar{a})=a^{\mathrm{U}}-a^{\mathrm{L}}$，$\alpha$ 的中点是 $w(\bar{a})=(a^{\mathrm{U}}+a^{\mathrm{L}})/2$。

令 $\bar{a}$，$\bar{b} \in I(R)$ 是两个区间数，区间数的运算法则（Moore and Lodwick，2003）如下：

$$①\bar{a}+\bar{b}=[a^{\mathrm{L}}+b^{\mathrm{L}},a^{\mathrm{U}}+b^{\mathrm{U}}];②\bar{a}-\bar{b}=[a^{\mathrm{L}}-b^{\mathrm{U}},a^{\mathrm{U}}-b^{\mathrm{L}}];$$

$$③\bar{a}\times\bar{b}=[a^{\mathrm{L}}b^{\mathrm{L}},a^{\mathrm{U}}b^{\mathrm{U}}];④\bar{a}/\bar{b}\approx[a^{\mathrm{L}}/b^{\mathrm{U}},a^{\mathrm{U}}/b^{\mathrm{L}}]。$$

此外，$\bar{a}=\bar{b}$，当且仅当 $a^{\mathrm{L}}=b^{\mathrm{L}}$，$a^{\mathrm{U}}=b^{\mathrm{U}}$ 时。

本章引入可能度表示两个区间数之间的优先级，定义（Xu and Chen，2003）如下：

$$p(\bar{a}\geqslant\bar{b})=\frac{\max\{0,a^{\mathrm{U}}-b^{\mathrm{L}}\}-\max\{0,a^{\mathrm{L}}-b^{\mathrm{U}}\}}{a^{\mathrm{U}}-a^{\mathrm{L}}+b^{\mathrm{U}}-b^{\mathrm{L}}} \tag{5-2}$$

$\bar{a}\geqslant\bar{b}$ 表示 $\bar{b}$ 不大于 $\bar{a}$，$0\leqslant p(\bar{a}\geqslant\bar{b})\leqslant 1$，$p(\bar{a}\geqslant\bar{b})+p(\bar{b}\geqslant\bar{a})=1$。

可能度性质（Wang et al.，2005a；Xu and Chen，2003）如下：①$p(\bar{a}\geqslant\bar{b})=1$ 当且仅当 $a^{\mathrm{L}}\geqslant b^{\mathrm{U}}$ 时；②$p(\bar{a}\geqslant\bar{b})=0$ 当且仅当 $a^{\mathrm{U}}\leqslant b^{\mathrm{L}}$ 时；③$p(\bar{a}\geqslant\bar{b})\geqslant 0.5$ 当且仅当 $w(\bar{a})\geqslant w(\bar{b})$ 时，$p(\bar{a}\geqslant\bar{b})=0.5$ 当且仅当 $w(\bar{a})=w(\bar{b})$时；④$\bar{a}$、$\bar{b}$、$\bar{c}$ 是 3 个区间数。如果 $p(\bar{a}\geqslant\bar{b})\geqslant 0.5$ 和 $p(\bar{b}\geqslant\bar{c})\geqslant 0.5$，则 $p(\bar{a}\geqslant\bar{c})\geqslant 0.5$。

区间指标数据区间化后，投入可表示为$\bar{X}_{ij}=[x_{ij}^{\mathrm{L}}, x_{ij}^{\mathrm{U}}]$，$(i=1, 2, \cdots, m)$，产出可表示为$\bar{Y}_{rj}=[y_{rj}^{\mathrm{L}}, y_{rj}^{\mathrm{U}}]$，$(r=1, 2, \cdots, s)$，其中 x_{ij}^{L}、$y_{rj}^{\mathrm{L}}>0$。决策单元的最少投入和最大产出组合为最佳生产 DMU 的最佳生产点构成的最佳生产可能集。相反，DMU 的最大投入和最少产出为最差生产点，所有 DMU 的最差生产点构成最差生产可能集。最佳生产可能集和最差生产可能集均满足平凡公理、凸性公理、锥性公理、无效性公理与最小性公理，分别记为 $\mathrm{PPS}^{\mathrm{U}}$ 和 $\mathrm{PPS}^{\mathrm{L}}$，具体表示如下：

$$\mathrm{PPS}^{\mathrm{U}} = \left\{ (x^{\mathrm{L}}, y^{\mathrm{U}}) \,\middle|\, \sum_{j=1}^{n} \lambda_j x_j^{\mathrm{L}} \leqslant x^{\mathrm{L}}, \sum_{j=1}^{n} \lambda_j y_j^{\mathrm{U}} \geqslant y^{\mathrm{U}}, \lambda_j \geqslant 0 \right\} \tag{5-3}$$

$$\mathrm{PPS}^{\mathrm{L}} = \left\{ (x^{\mathrm{U}}, y^{\mathrm{L}}) \,\middle|\, \sum_{j=1}^{n} \lambda_j x_j^{\mathrm{U}} \leqslant x^{\mathrm{U}}, \sum_{j=1}^{n} \lambda_j y_j^{\mathrm{L}} \geqslant y^{\mathrm{L}}, \lambda_j \geqslant 0 \right\} \tag{5-4}$$

5.2.2 区间效率测算模型

为保证区间效率评价结果的公平性，Wang 等（2005a）提出以最佳生产可能集作为统一评价参考集测算区间效率，具体模型如下：

$$\max \theta_d^{\mathrm{UU}} = \frac{\sum_{r=1}^{s} \mu_r y_{rd}^{\mathrm{U}}}{\sum_{i=1}^{m} \omega_i x_{id}^{\mathrm{L}}}$$

$$\text{s.t.} \begin{cases} \sum_{i=1}^{m} \omega_i x_{ij}^{\mathrm{L}} - \sum_{r=1}^{s} \mu_r y_{rj}^{\mathrm{U}} \geqslant 0, j = 1, \cdots, n, \\ \mu_r, \omega_i \geqslant 0, i = 1, \cdots, m; r = 1, \cdots, s \geqslant 0 \end{cases} \tag{5-5}$$

$$\max \theta_d^{\mathrm{UL}} = \frac{\sum_{r=1}^{s} \mu_r y_{rd}^{\mathrm{L}}}{\sum_{i=1}^{m} \omega_i x_{id}^{\mathrm{U}}}$$

$$\text{s.t.} \begin{cases} \sum_{i=1}^{m} \omega_i x_{ij}^{\mathrm{L}} - \sum_{r=1}^{s} \mu_r y_{rj}^{\mathrm{U}} \geqslant 0, j = 1, \cdots, n, \\ \mu_r, \omega_i \geqslant 0, i = 1, \cdots, m; r = 1, \cdots, s \geqslant 0 \end{cases} \tag{5-6}$$

式（5-5）和式（5-6）这一组区间模型是基于区间数运算法则构建的，区间效率评价是基于统一的生产可能集（相同的约束条件），如模型（5-5）和模型（5-6）中的第一个约束条件，表明评价是在最佳生产可能集下进行的。$\theta_d^{\mathrm{UU}*}$ 和 $\theta_d^{\mathrm{UL}*}$ 分别是模型（5-5）和模型（5-6）的最优解（U 表示 DMU 最佳，L 表示 DMU 最差；第一个上标表示作为评价参照的生产可能集，第二个上标表示被评价的生产点，例如 $\theta_d^{\mathrm{UU}*}$ 表示最佳生产可能集作为评价参照集对 DMU 最佳生产点进行评价。本章上标含义相同，后续不再赘述）。

作为对比，Huang 和 Wang（2017）提出了基于最差生产可能集作为统一评价参照集的区间效率评价模型。

$$\max \theta_d^{\mathrm{LU}} = \frac{\sum_{r=1}^{s} \mu_r y_{rd}^{\mathrm{U}}}{\sum_{i=1}^{m} \omega_i x_{id}^{\mathrm{L}}}$$

$$\text{s.t.} \begin{cases} \sum_{i=1}^{m} \omega_i x_{ij}^{\mathrm{U}} - \sum_{r=1}^{s} \mu_r y_{rj}^{\mathrm{L}} \geqslant 0, j = 1, \cdots, n, \\ \mu_r, \omega_i \geqslant 0, i = 1, \cdots, m; r = 1, \cdots, s \geqslant 0 \end{cases} \tag{5-7}$$

$$\max\ \theta_d^{\mathrm{LL}} = \frac{\sum_{r=1}^{s} \mu_r y_{rd}^{\mathrm{L}}}{\sum_{i=1}^{m} \omega_i x_{id}^{\mathrm{U}}}$$

$$\text{s. t.} \begin{cases} \sum_{i=1}^{m} \omega_i x_{ij}^{\mathrm{U}} - \sum_{r=1}^{s} \mu_r y_{rj}^{\mathrm{L}} \geqslant 0, j = 1, \cdots, n, \\ \mu_r, \omega_i \geqslant 0, i = 1, \cdots, m; r = 1, \cdots, s \geqslant 0 \end{cases} \tag{5-8}$$

模型（5-7）和模型（5-8）的第一个约束条件表明，该区间效率评价的结果是基于最差生产可能集。$\theta_d^{\mathrm{LU}*}$ 和 $\theta_d^{\mathrm{LL}*}$ 分别是模型（5-7）和模型（5-8）的最优解。

Despoits 和 Smirlis（2002）建立了基于最佳生产可能集和最差生产可能集的一组模型，前者作为区间效率上限的评价参考，后者作为区间效率下限的评价参考，模型如下：

$$\max\ H_d^{\mathrm{LU}} = \frac{\sum_{r=1}^{s} \mu_r y_{rd}^{\mathrm{U}}}{\sum_{i=1}^{m} \omega_i x_{id}^{\mathrm{L}}}$$

$$\text{s. t.} \begin{cases} \sum_{i=1}^{m} \omega_i x_{ij}^{\mathrm{U}} - \sum_{r=1}^{s} \mu_r y_{rj}^{\mathrm{L}} \geqslant 0, j = 1, \cdots, n, j \neq d, \\ \sum_{i=1}^{m} \omega_i x_{id}^{\mathrm{L}} - \sum_{r=1}^{s} \mu_r y_{rd}^{\mathrm{U}} \geqslant 0, \\ \mu_r, \omega_i \geqslant 0, i = 1, \cdots, m; r = 1, \cdots, s \geqslant 0 \end{cases} \tag{5-9}$$

$$\max\ H_d^{\mathrm{UL}} = \frac{\sum_{r=1}^{s} \mu_r y_{rd}^{\mathrm{L}}}{\sum_{i=1}^{m} \omega_i x_{id}^{\mathrm{U}}}$$

$$\text{s. t.} \begin{cases} \sum_{i=1}^{m} \omega_i x_{ij}^{\mathrm{L}} - \sum_{r=1}^{s} \mu_r y_{rj}^{\mathrm{U}} \geqslant 0, j = 1, \cdots, n, j \neq d, \\ \sum_{i=1}^{m} \omega_i x_{id}^{\mathrm{U}} - \sum_{r=1}^{s} \mu_r y_{rd}^{\mathrm{L}} \geqslant 0, \\ \mu_r, \omega_i \geqslant 0, i = 1, \cdots, m; r = 1, \cdots, s \geqslant 0 \end{cases} \tag{5-10}$$

$H_d^{\mathrm{LU}*}$ 和 $H_d^{\mathrm{UL}*}$ 分别是模型（5-9）和模型（5-10）的最优解。模型（5-9）和模型（5-10）的第一个约束条件表示评价所基于的生产可能集，模型（5-5）是基于最差生产可能集对 DMU 的最佳生产点进行效率评价，模型（5-6）是基于最佳生产可能集对 DMU 的最差生产可能点进行效率评价。为了使效率值在 0～1，模型（5-5）增加了第二个约束条件模型，该条件使每个 DMU 的生产可能集不同，破坏了生产前沿面的凸形。因此，模型（5-9）和模型（5-10）不满足生产可能集的理论假设，而且每个 DMU 的评价参照集都不同。

基于生产可能集的基本假设，本章仅考虑在统一评价参照集下的区间效率评价。

5.3 考虑效率溢出的标杆设置研究

当 DMU 的投入和产出指标数据为区间数时，由于区间数的不确定性，DMU 的生产点是可以调整的，由不同的生产点构建的生产可能集也是可以调整的，其调整范围从最差生产可能集至最佳生产可能集。最佳或最差作为评价参考的生产可能集与被评价 DMU 的生产点都可调整，因此评价过程会产生二者不一致（例如，将最佳生产可能集作为评价参照，评价最佳生产点的效率），从而引起效率评价结果的偏差，本章将这种效率偏差称为效率溢出现象。本章将通过图 5-1 对溢出现象进行说明。

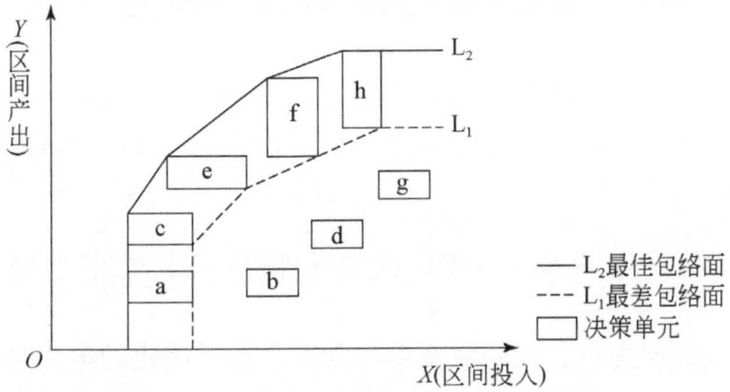

图 5-1　具有区间数据类型的包络面刻画

图 5-1 有 8 个 DMU，每个 DMU 都只有一个区间投入指标 x 和一个区间产出指标 y，DMU 的投入产出结构以矩形表示。如图 5-1 所示，矩形 a ~ h 分别为 8 个不同的 DMU，每个矩形的右下角和左上角分别表示 DMU 的最差生产点和最佳生产点。接下来，结合图 5-1 来分析模型(5-5) ~ 模型(5-8)的效率评价结果的溢出现象。

模型（5-5）和模型（5-7）由于生产可能集和被评价的生产点是一致的，恰好满足传统 CCR 模型的要求，则不存在效率溢出现象。模型（5-6）和模型（5-8）由于评价参照的生产可能集和被评价点是不一致的，则会导致效率溢出现象。生产可能集作为凸集，都有对应的包络面，评价点到包络面的距离是效率评价模型的重要参考，在模型（5-6）中，最差生产点和最佳包络面之间的距离大于最差生产点和最差包络面之间的距离，其效率评价结果小于 θ^{LL*} [模型（5-8）的最优解]，这种偏差为负向溢出效率。在模型（5-8）中，评价生产可能集由 DMU 的最差生产点组成，但被评价对象是 DMU 的最佳生产点，评价点并不总是包含在评价生产可能集内，被评价的 DMU 的最佳生产点可能高于最差包络面，其效率评价结果高于 θ^{UU*} [模型（5-5）的最优解]，这种偏差为正向溢出效率。式（5-5）和式（5-6）效率评价结果以及溢出关系也可以通过图 5-2 说明。

图 5-2　区间效率关系图

此外，定理5-1也进一步对模型（5-5）~模型（5-8）的溢出现象给出了数学解释。

定理5-1：如果 θ_d^{UU*} 和 θ_d^{UL*} 分别是模型（5-5）和模型（5-6）的最优值，θ_d^{LU*} 和 θ_d^{LL*} 分别是模型（5-7）和模型（5-8）的最优值，那么 $\theta_d^{UU*} \leqslant \theta_d^{LU*}$，$\theta_d^{UL*} \leqslant \theta_d^{LL*}$。

证明：证明过程请参见 Wang 等（2005a）的研究。

结合定理5-1和图5-2，记DMU_d的最宽区间效率为$\overline{WIE}_d = [\theta_d^{LL*}, \theta_d^{LU*}]$。如果 $\theta_d^{LL*} \leqslant \theta_d^{UU*}$，那么$DMU_d$的最窄区间效率是$\overline{NIE}_d = [\theta_d^{LL*}, \theta_d^{UU*}]$；反之，$DMU_d$的最窄区间效率是$\overline{NIE}_d = [\theta_d^{UU*}, \theta_d^{LL*}]$。由于$\overline{NIE}_d$不存在效率溢出，本章将其称为基准区间效率。

5.3.1 考虑单侧效率溢出的区间效率测算模型

本节先考虑以最差生产可能集作为评价参照集。如图5-1所示，基于最差生产可能集进行效率评价，区间效率上限存在正向溢出。正向效率溢出可通过效率差距补偿机制来减少，该机制具体说明如下。

以线性形式表示一组权重下DMU的效率和某指定效率之间的差距 $\sum_{r=1}^{s}\mu_r y_{rj} - \theta\sum_{i=1}^{m}\omega_i x_{ij}$，如果该式的值为正，说明效率差距为正；如果该式的值为负，说明效率差距为负。现假设 $\theta_d^{LL*} \leqslant \theta_d^{UU*}$，从图5-2可知，在最差生产可能集下［基于模型（5-7）和模型（5-8）的评价结果］，仅存在正向效率溢出，此时区间效率上限和 θ_d^{UU*} 之间的差距为正。由于在同一组权重下，要减少正向差距，一定会增加负向差距，即区间上限效率的正向差距减少需要通过区间效率下限的负向差距的增加来实现，本章将这种关系解释为效率差距的补偿。区间DEA方法中，区间效率上限是标杆面构建中的重要决定因素，过于夸张的正向效率溢出会影响标杆面的可达性。因此，一定程度地降低区间效率的下限来降低区间效率上限是有必要的，为了使这种效率差距的补偿最大化，可以通过以下不等式来构建补偿机制：

$$\sum_{r=1}^{s}\mu_r y_{rj}^{U} - \theta_j^{UU*}\sum_{i=1}^{m}\omega_i x_{ij}^{L} \leqslant \theta_j^{LL*}\sum_{i=1}^{m}\omega_i x_{ij}^{U} - \sum_{r=1}^{s}\mu_r y_{rj}^{L}, j = 1,\cdots,n \tag{5-11}$$

正向差距处于不等式的左边，为较小的一方，这表示在整体区间效率下降的同时，首先保证了正向差距减少的程度更为显著，即减少正向溢出效率。

基于效率差距补偿机制，本章构建一组模型来测算区间效率$\overline{UIE}_d = [\theta_d^{UIE^{LL}}, \theta_d^{UIE^{LU}}]$，具体如下：

$$\max \theta_d^{UIE^{LU}} = \frac{\sum_{r=1}^{s}\mu_r y_{rd}^{U}}{\sum_{i=1}^{m}\omega_i x_{id}^{L}}$$

$$
\text{s. t.}\begin{cases}\sum_{i=1}^{m}\omega_i x_{ij}^{\mathrm{U}}-\sum_{r=1}^{s}\mu_r y_{rj}^{\mathrm{L}}\geqslant 0, j=1,\cdots,n,\\ \sum_{r=1}^{s}\mu_r y_{rj}^{\mathrm{U}}-\theta_j^{\mathrm{UU}*}\sum_{i=1}^{m}\omega_i x_{ij}^{\mathrm{L}}\leqslant\theta_j^{\mathrm{LL}*}\sum_{i=1}^{m}\omega_i x_{ij}^{\mathrm{U}}-\sum_{r=1}^{s}\mu_r y_{rj}^{\mathrm{L}}, j=1,\cdots,n,\\ \mu_r,\omega_i, i=1,\cdots,m; r=1,\cdots,s\geqslant 0\end{cases}\tag{5-12}
$$

$$
\max\ \theta_d^{\mathrm{UIE}^{\mathrm{LL}}}=\frac{\sum_{r=1}^{s}\mu_r y_{rd}^{\mathrm{L}}}{\sum_{i=1}^{m}\omega_i x_{id}^{\mathrm{U}}}
$$

$$
\text{s. t.}\begin{cases}\sum_{i=1}^{m}\omega_i x_{ij}^{\mathrm{U}}-\sum_{r=1}^{s}\mu_r y_{rj}^{\mathrm{L}}\geqslant 0, j=1,\cdots,n,\\ \sum_{r=1}^{s}\mu_r y_{rj}^{\mathrm{U}}-\theta_j^{\mathrm{UU}*}\sum_{i=1}^{m}\omega_i x_{ij}^{\mathrm{L}}\leqslant\theta_j^{\mathrm{LL}*}\sum_{i=1}^{m}\omega_i x_{ij}^{\mathrm{U}}-\sum_{r=1}^{s}\mu_r y_{rj}^{\mathrm{L}}, j=1,\cdots,n,\\ \mu_r,\omega_i, i=1,\cdots,m; r=1,\cdots,s\geqslant 0\end{cases}\tag{5-13}
$$

模型（5-12）和模型（5-13）中没有对负向效率的差距设置上限约束，因此需要考虑是否会出现为了使正向溢出效率减少，造成区间效率下限过低。下面将通过证明模型（5-12）和模型（5-13）测算出来的区间效率依然包含在最宽区间效率$\overline{\mathrm{WIE}}_d=[\theta_d^{\mathrm{UL}*},\ \theta_d^{\mathrm{LU}*}]$内来说明效率差距补偿不会造成区间效率下限过低的现象。

定理 5-2：如果$\theta_d^{\mathrm{UIE}^{\mathrm{LU}}*}$和$\theta_d^{\mathrm{UIE}^{\mathrm{LL}}*}$分别是模型（5-12）和模型（5-13）的最优值，$\theta_d^{\mathrm{LU}*}$和$\theta_d^{\mathrm{UL}*}$分别是模型（5-7）和模型（5-6）的最优值，会有$\theta_d^{\mathrm{UIE}^{\mathrm{LU}}*}\leqslant\theta_d^{\mathrm{LU}*}$和$\theta_d^{\mathrm{UL}*}\leqslant\theta_d^{\mathrm{UIE}^{\mathrm{LL}}*}$。

证明过程详见附录 5-1。

以区间效率 NIE_d 为基准，根据可能度定义，本章将测算得到的区间效率相较于$\overline{\mathrm{NIE}}_d$的可能度定义为区间效率评价的溢出度，例如$\overline{\mathrm{WIE}}_d$的溢出度为$p(\overline{\mathrm{WIE}}_d\geqslant\overline{\mathrm{NIE}}_d)$，$\overline{\mathrm{UIE}}_d$的溢出度为$p(\overline{\mathrm{UIE}}_d\geqslant\overline{\mathrm{NIE}}_d)$。那么，结合定理 5-2 和性质 5-1 的结论可得$p(\overline{\mathrm{UIE}}_d\geqslant\overline{\mathrm{NIE}}_d)\leqslant p(\overline{\mathrm{WIE}}_d\geqslant\overline{\mathrm{NIE}}_d)$。

模型（5-12）和模型（5-13）在构建过程中还有两个问题值得讨论。

注释 5-1：虽然在效率补偿机制中，将正向效率差距设置为小于负向效率差距，但不能保证$p(\overline{\mathrm{UIE}}_d\geqslant\overline{\mathrm{NIE}}_d)\leqslant 0.5$。假设上述结论为真，根据可能度性质①，有$w(\overline{\mathrm{UIE}}_d)\leqslant w(\overline{\mathrm{NIE}}_d)$。这个不等式等价于以下的约束：

$$
\frac{\sum_{r=1}^{s}\mu_r y_{rj}^{\mathrm{U}}}{\sum_{i=1}^{m}\omega_i x_{ij}^{\mathrm{L}}}-\theta_j^{\mathrm{UU}*}\leqslant\theta_j^{\mathrm{LL}*}-\frac{\sum_{r=1}^{s}\mu_r y_{rj}^{\mathrm{L}}}{\sum_{i=1}^{m}\omega_i x_{ij}^{\mathrm{U}}}, j=1,\cdots,n\tag{5-14}
$$

然而，约束$0\leqslant\sum_{i=1}^{m}\omega_i x_{ij}^{\mathrm{L}}\leqslant\sum_{i=1}^{m}\omega_i x_{ij}^{\mathrm{U}}$不一定总成立，所以不等式（5-14）和不等式（5-11）不等价。

注释5-2：将最佳生产可能集作为评价参照集，无法设置合适的补偿机制来提高负向溢出效率。原因如下：①负向溢出效率是由于将最佳生产可能集视为评价参考集，由于评价参照集是固定的，区间效率的下界 θ^{UL*} 无法提高。②为减少负向溢出度，需要在优化模型中最大化评价效率。然而，所有的优化模型都以最大化为目标函数，θ^{UL*} 不能得到改善。

5.3.2 考虑双侧效率溢出的区间效率测算模型

Despoits 和 Smirlis（2002）强调评价视角的全面性，即区间效率需要考虑最佳和最差的生产可能集；Wang 等（2005a）强调评价视角的统一性，即区间效率值必须用相同的生产可能集来衡量。目前还没有文献可以兼顾评价的全面性和统一性构建区间效率评价模型。本书首次将最差生产可能集和最佳生产可能集一起作为参考评价集测算 DMU 的区间效率，具体思路如下。

首先，设定权重参与约束：

(i) $\sum_{i=1}^{m}\omega_i^U x_{ij}^L - \sum_{r=1}^{s}\mu_r^U y_{rj}^U \geqslant 0,\ j=1,\ \cdots,\ n$。

(ii) $\sum_{i=1}^{m}\omega_i^L x_{ij}^U - \sum_{r=1}^{s}\mu_r^L y_{rj}^L \geqslant 0,\ j=1,\ \cdots,\ n$。

$(\mu_r^U,\ \omega_i^U)(r=1,\ \cdots,\ s,\ i=1,\ \cdots,\ m)$ 和 $(\mu_r^L,\ \omega_i^L)(r=1,\ \cdots,\ s,\ i=1,\ \cdots,\ m)$ 是分别对应最佳生产可能集和最差生产可能集的评价权重。

其次，设定权重相容约束（效率差距补偿的相容机制）。

基于最佳生产可能集的效率评价会导致负向效率溢出，基于最差生产可能集的效率评价会导致正向效率溢出，那么，本章将基于两组生产可能集构建一组相容性的效率差距补偿机制，以减少正向效率溢出和负向效率溢出，具体如下：

(iii) $\sum_{r=1}^{s}\mu_r^L y_{rj}^U - \theta_j^{LL*}\sum_{i=1}^{m}\omega_i^L x_{ij}^L \leqslant \theta_j^{UU*}\sum_{i=1}^{m}\omega_i^U x_{ij}^U - \sum_{r=1}^{s}\mu_r^U y_{rj}^L (j=1,\ \cdots,\ n)$。

(iv) $\sum_{r=1}^{s}\mu_r^U y_{rj}^U - \theta_j^{UL*}\sum_{i=1}^{m}\omega_i^U x_{ij}^L \leqslant \theta_j^{LU*}\sum_{i=1}^{m}\omega_i^L x_{ij}^U - \sum_{r=1}^{s}\mu_r^L y_{rj}^L (j=1,\ \cdots,\ n)$。

约束条件（iii）和约束条件（iv）考虑了两组权重之间的交互效率差距补偿策略，约束条件（iii）表示基于最差生产可能集测算的区间效率下限与 θ_j^{LL*} 的效率差距要小于基于最佳生产可能集的区间效率上限与 θ_j^{UU*} 的效率差距，约束条件（iv）表示基于最佳生产可能集测算的区间效率下限与 θ_j^{UU*} 的效率差距要小于基于最差生产可能集的区间效率上限与 θ_j^{LU*} 的效率差距。两个约束条件相容性表现如下：由不等式（iii）可得，如果 $\sum_{r=1}^{s}\mu_r^L y_{rj}^U - \theta_j^{LL*}\sum_{i=1}^{m}\omega_i^L x_{ij}^L$ 增加，为保持不等号成立，右边 $\theta_j^{UU*}\sum_{i=1}^{m}\omega_i^U x_{ij}^U - \sum_{r=1}^{s}\mu_r^U y_{rj}^L$ 也要相应增加。在同一组评价权重下，$\sum_{r=1}^{s}\mu_r^L y_{rj}^U - \theta_j^{LL*}\sum_{i=1}^{m}\omega_i^L x_{ij}^L$ 的增加会导致 $\theta_j^{LU*}\sum_{i=1}^{m}\omega_i^L x_{ij}^U - \sum_{r=1}^{s}\mu_r^L y_{rj}^L$ 的

减少，为保证不等式（iv）成立，$\sum_{r=1}^{s}\mu_r^{U}y_{rj}^{U}-\theta_j^{UL^*}\sum_{i=1}^{m}\omega_i^{U}x_{ij}^{L}$ 要减少。通过这样的相容约束机制，评价权重(μ_r^{L}，ω_i^{L})($r=1$，…，s，$i=1$，…，m)测得的区间效率减小的同时，由评价权重(μ_r^{U}，ω_i^{U})($r=1$，…，s，$i=1$，…，m)测得的区间效率会增加。这意味着可以通过降低基于最佳生产可能集的负向溢出效率降低基于最差生产可能集的正向溢出效率。

基于参与约束和相容约束条件，构建双侧效率补偿的区间效率测算模型：

$$\max\ \theta_d^{CIE^U}=\frac{\sum_{r=1}^{s}(\mu_r^{U}+\mu_r^{L})y_{rd}^{U}}{\sum_{i=1}^{m}(\omega_i^{U}+\omega_i^{L})x_{id}^{L}}$$

$$\text{s. t.}\begin{cases}(\text{i})-(\text{iv})\\ \mu_r^{U},\mu_r^{L},\omega_i^{U},\omega_i^{L},i=1,\cdots,m;r=1,\cdots,s\geqslant 0\end{cases}\tag{5-15}$$

$$\max\ \theta_d^{CIE^L}=\frac{\sum_{r=1}^{s}(\mu_r^{U}+\mu_r^{L})y_{rd}^{L}}{\sum_{i=1}^{m}(\omega_i^{U}+\omega_i^{L})x_{ij}^{U}}$$

$$\text{s. t.}\begin{cases}(\text{i})-(\text{iv})\\ \mu_r^{U},\mu_r^{L},\omega_i^{U},\omega_i^{L},i=1,\cdots,m;r=1,\cdots,s\geqslant 0\end{cases}\tag{5-16}$$

以上两个模型的效率值构成区间效率，将其记为 CIE = [$\theta_d^{CIE^{L^*}}$，$\theta_d^{CIE^{U^*}}$]。定理 5-3 表示效率补偿后，区间效率 CIE = [$\theta_d^{CIE^{L^*}}$，$\theta_d^{CIE^{U^*}}$]仍在合理范围。

定理 5-3：如果 $\theta_d^{UL^*}$ 和 $\theta_d^{LU^*}$ 分别是模型（5-5）和模型（5-7）的最优值，$\theta_d^{CIE^{U^*}}$ 和 $\theta_d^{CIE^{L^*}}$ 分别是模型分别（5-15）和模型（5-16）的最优值，那么 $\theta_d^{CIE^{L^*}}\geqslant\theta_d^{UL^*}$，$\theta_d^{CIE^{U^*}}\leqslant\theta_d^{LU^*}$。

证明过程详见附录 5-1。

当两个生产可能集同时参与约束时，$\overline{CIE}_d$ 的中点并不总是小于区间 $\overline{NIE}_d$ 的中点，即 p（$\overline{CIE}_d\geqslant\overline{NIE}_d$）并不总是小于 0.5。为了使模型更加灵活，考虑决策者（DMs）对最佳生产可能集和最差生产可能集的偏好，改进模型（5-15）和模型（5-16），如下：

$$\max\ \theta_d^{CIE^{U^*}}(\lambda)=\frac{\sum_{r=1}^{s}(\lambda\mu_r^{U}+(1-\lambda)\mu_r^{L})y_{rd}^{U}}{\sum_{i=1}^{m}(\lambda\omega_i^{U}+(1-\lambda)\omega_i^{L})x_{id}^{L}}$$

$$\text{s. t.}\begin{cases}(\text{i})-(\text{iv});\\ \mu_r^{U},\mu_r^{L},\omega_i^{U},\omega_i^{L},i=1,\cdots,m;r=1,\cdots,s\geqslant 0\end{cases}\tag{5-17}$$

$$\max\ \theta_d^{CIE^L}(\lambda)=\frac{\sum_{r=1}^{s}(\lambda\mu_r^{U}+(1-\lambda)\mu_r^{L})y_{rd}^{L}}{\sum_{i=1}^{m}(\lambda\omega_i^{U}+(1-\lambda)\omega_i^{L})x_{ij}^{U}}$$

$$\text{s. t.}\begin{cases}(\text{i})-(\text{iv})\\ \mu_r^{U},\mu_r^{L},\omega_i^{U},\omega_i^{L},i=1,\cdots,m;r=1,\cdots,s\geqslant 0\end{cases}\tag{5-18}$$

参数 λ 的引入，表明最佳生产可能集和最差生产可能集对应的权重对评价结果的影响程度，特别是，当 $\lambda=1$ 时，有 $\theta_d^{\mathrm{CIEU}^*}(1)=\theta_d^{\mathrm{UU}^*}$，$\theta_d^{\mathrm{CIEL}^*}(1)=\theta_d^{\mathrm{UL}^*}$；当 $\lambda=0$ 时，有 $\theta_d^{\mathrm{CIEU}^*}(0)=\theta_d^{\mathrm{LU}^*}$，$\theta_d^{\mathrm{CIEL}^*}(0)=\theta_d^{\mathrm{LL}^*}$。$\overline{\mathrm{CIE}_d(\lambda)}$ 的中点随着参数 λ 的调整而改变，这表明 $p(\overline{\mathrm{CIE}_d(\lambda)}\geqslant\overline{\mathrm{NIE}_d})$ 可以通过修改参数改变。

本书中效率模型的线性化处理均基于线性规划（LP）的理论与方法完成转化，详细过程可参考《数据包络分析》（魏权龄，2004）。

5.3.3 区间标杆面设置

传统的 DEA 理论中，由于不存在效率溢出现象，有效生产前沿面和标杆面是等价的。然而，区间 DEA 理论中，效率溢出现象导致了这种等价关系不再恒定成立。例如，根据 CCR 模型，当所有 DMU 的最佳生产点的效率通过最佳生产可能集作为参考来评价时，它们的有效点构成最佳有效生产前沿面（在图 5-1 中显示为 L_1）；当所有 DMU 的最差生产点的效率通过以最差生产可能集作为参考来评价时，它们的有效点构成了最差有效生产前沿面（在图 5-1 中显示为 L_2）。受到正向溢出效率和负向溢出效率的影响，直接将 L_1 或 L_2 定义为标杆面是不合理的。

在区间 DEA 理论中，标杆面除了要考虑效率评价的有效性，还需要考虑效率评价结果是否可达。有效性方面，依据 Huang 和 Wang（2017）的证明结果，DMU 的区间效率上限大于 1，达到帕累托有效。可达性方面，根据可能度性质③，当溢出度为 0.5 时，基准区间中点和区间效率中点重合；当溢出度大于 0.5 时，表明区间效率中点相较于基于效率区间中点发生了右向偏移，正向溢出度高于负向溢出度。正向溢出会使区间效率上限过高，过高的效率评价显然不利用目标单元的可达性；当溢出度小于 0.5 时，表明区间效率中点相较于基于效率区间中点发生了左向偏移，区间效率上限小于基准区间效率上限，不影响目标单元的可达性。本章将 0.5 作为溢出度的衡量标准，来定义标杆面的可达性。标杆面定义如下。

定义 5-2：标杆面是由有效和可达的 DMU 构成的。

（1）如果 $\theta_d^{\mathrm{CIEU}^*}(\lambda)\geqslant 1$ 且 $p(\overline{\mathrm{CIE}_d(\lambda)}\geqslant\overline{\mathrm{NIE}_d})<0.5$，那么 DMU_d 是一个有效的、可达的 DMU。

(2) 如果 $\theta_d^{\mathrm{CIEU}^*}(\lambda)\geqslant 1$ 且 $p(\overline{\mathrm{CIE}_d(\lambda)}\geqslant\overline{\mathrm{NIE}_d})\geqslant 0.5$，那么 DMU_d 是一个有效的、不可达的 DMU。

(3) 如果 $\theta_d^{\mathrm{CIEU}^*}(\lambda)<1$ 且 $p(\overline{\mathrm{CIE}_d(\lambda)}\geqslant\overline{\mathrm{NIE}_d})<0.5$，那么 DMU_d 是一个无效的、可达的 DMU。

(4) 如果 $\theta_d^{\mathrm{CIEU}^*}(\lambda)<1$ 且 $p(\overline{\mathrm{CIE}_d(\lambda)}\geqslant\overline{\mathrm{NIE}_d})\geqslant 0.5$，那么 DMU_d 是一个无效的、不可达的 DMU。

5.4 森林碳汇效率标杆设置实例分析

本节以中国 30 个省（自治区、直辖市）（不包含西藏）森林碳汇为研究对象，从效率溢出度以及标杆面构建两方面对其展开区间效率评价，并根据效率结果对中国森林碳汇的发展现状进行评价。

相较于清查法和模型模拟法，遥感法的森林碳汇数据是直接获得的，避免了由公式或模型间接计算引起的误差，从而提高了森林碳汇计算的准确性。本节选择森林碳汇作为产出指标，该指标数据来自 Chen 等（2020）利用夜间灯光遥感技术在县级单位上测得的 2017 年中国森林碳汇数据，为增加匹配度，其他相关研究数据也均选取 2017 年的数据。按照人力、资本、土地三个生产要素，选择林地面积、林业系统年末从业人员数和林业固定资产投资完成额作为投入指标，投入指标数据均来自中国统计年鉴。由于投入指标存在一定误差，本节对其进行区间化处理。其中，由于林地面积中没有包含城市森林面积，因此将森林面积和林地面积分别作为区间的上限和下限；林业固定资产投资完成额中没有准确核算民营资本，林业固定资产投资完成额以原始数据作为区间下限，参考 Chen 等（2020）认为的误差范围，区间上限在下限基础上增加 10%；林业系统年末从业人员主要指工资单上的工作人员，没有包含农民等未登记的临时从业人员，将收集到的林业系统年末从业人员数据作为区间下限，林业系统年末从业人员数区间的上限是根据下限加上一定比例的农村人口得出的。与此同时，森林碳汇的数据采集也存在测量误差（Chen et al., 2020）。Chen 等（2020）指出，这种误差的范围至少为 10%，产出指标数据的区间化过程是将现有数据乘以±10%，具体数据见附录 5-2。

5.4.1 溢出效率的结果分析及差异性比较

首先，比较效率补偿前后的区间效率差异。表 5-1 中的第一列为效率补偿前长度最宽的区间效率，第二列为基于单侧效率补偿的区间效率，第三～第五列分别是不同参数下双侧效率补偿的区间效率，第六列是基础区间效率。通过比较各列的效率值可以看出，在效率补偿机制下（包括单侧和双侧）的区间效率都包含于最宽区间效率内，正如定理 5-2 和定理 5-3 表明，效率补偿机制不会造成过度补偿。基于单侧效率补偿后，正向溢出降低，但是相较于基准区间的效率下限，单侧效率补偿下的区间效率产生了负向溢出，但其负向溢出增加值小于正向溢出减少值。双侧效率补偿下的区间效率相较于单侧效率补偿的优势在于，所有 DMU 的区间效率下限整体提高，所有 DMU 的区间效率上限整体下降，说明通过相容约束条件的设定能够同时兼顾正向溢出和负向溢出，达到双向溢出之间的互相制衡。由于标杆面的有效性是由区间效率上限决定的，因此本章进一步针对正向溢出效率进行详细的对比。

表 5-1　效率补偿前后区间效率评价结果比较分析

DMU	$\overline{\mathrm{WIE}_d}$	$\overline{\mathrm{UIE}_d}$	$\overline{\mathrm{CIE}_d\ (0.3)}$	$\overline{\mathrm{CIE}_d\ (0.5)}$	$\overline{\mathrm{CIE}_d\ (0.7)}$	$\overline{\mathrm{NIE}_d}$
北京	[0.124, 0.317]	[0.157, 0.257]	[0.238, 0.243]	[0.158, 0.233]	[0.143, 0.241]	[0.198, 0.209]
天津	[0.512, 1.338]	[0.650, 1.061]	[0.636, 1.036]	[0.607, 0.989]	[0.574, 0.934]	[0.820, 0.831]
河北	[0.451, 1.223]	[0.533, 1.016]	[0.498, 0.943]	[0.485, 0.905]	[0.4720, 881]	[0.633, 0.844]
山西	[0.347, 1.564]	[0.420, 1.257]	[0.386, 1.164]	[0.372, 1.105]	[0.361, 1.058]	[0.508, 1.000]
内蒙古	[0.343, 0.961]	[0.404, 0.788]	[0.388, 0.727]	[0.378, 0.701]	[0.367, 0.678]	[0.496, 0.654]
辽宁	[0.399, 0.882]	[0.491, 0.721]	[0.453, 0.666]	[0.434, 0.638]	[0.418, 0.615]	[0.589, 0.600]
吉林	[0.471, 0.999]	[0.587, 0.802]	[0.543, 0.743]	[0.516, 0.705]	[0.494, 0.675]	[0.643, 0.700]
黑龙江	[0.295, 0.609]	[0.363, 0.497]	[0.344, 0.471]	[0.330, 0.452]	[0.316, 0.433]	[0.405, 0.445]
上海	[0.733, 1.470]	[0.853, 1.209]	[0.806, 1.188]	[0.794, 1.141]	[0.777, 1.089]	[1.000, 1.000]
江苏	[0.705, 1.375	[0.838, 1.137]	[0.801, 1.092]	[0.784, 1.066]	[0.762, 1.033]	[0.950, 1.000]
浙江	[0.700, 1.434]	[0.831, 1.196]	[0.795, 1.146]	[0.776, 1.098]	[0.751, 1.130]	[0.994, 1.000]
安徽	[0.393, 0.877]	[0.499, 0.700]	[0.485, 0.682]	[0.464, 0.653]]	[0.437, 0.617]	[0.552, 0.627]
福建	[0.503, 1.065]	[0.628, 0.873]	[0.595, 0.817]	[0.571, 0.785]	[0.549, 0.757]	[0.704, 0.774]
江西	[0.424, 0.815]	[0.513, 0.670]	[0.471, 0.616]	[0.454, 0.593]	[0.440, 0.575]	[0.554, 0.623]
山东	[0.663, 1.563]	[0.814, 1.254]	[0.769, 1.193]	[0.734, 1.139]	[0.697, 1.085]	[1.000, 1.000]
河南	[0.558, 1.429]	[0.682, 1.148]	[0.635, 1.063]	[0.606, 1.009]	[0.584, 0.969]	[0.851, 0.924]
湖北	[0.419, 0.926]	[0.525 , 0.743]	[0.487, 0.691]	[0.463, 0.657]	[0.443, 0.628]	[0.594, 0.653]
湖南	[0.333, 0.756]	[0.419 , 0.603]	[0.392, 0.570]	[0.370, 0.537]	[0.353, 0.509]	[0.480, 0.524]
广东	[0.730, 1.450]	[0.851, 1.202]	[0.805, 1.135]	[0.793, 1.108]]	[0.775, 1.078]	[1.000, 1.000]
广西	[0.316, 0.773]	[0.429, 0.588]	[0.802, 0.542]	[0.481, 0.512]	[0.473, 0.565]	[0.435, 0.565]
海南	[0.865, 1.383]	[0.865, 1.172]	[0.818, 1.110]	[0.818, 1.091]	[0.818, 1.064]	[1.000, 1.000]
重庆	[0.581, 1.090]	[0.580, 0.874]	[0.558, 0.835]	[0.536, 0.802]	[0.510, 0.768]	[0.688, 0.726]
四川	[0.891, 1.093]	[0.570, 0.891]	[0.547, 0.833]	[0.524, 0.802]	[0.500, 0.772]	[0.710, 0.712]
贵州	[0.852, 1.534]]	[0.853, 1.252]	[0.812, 1.187]	[0.804, 1.140]	[0.791, 1.101]	[1.000, 1.000]
云南	[0.859, 1.491]	[0.859, 1.198]	[0.807, 1.152]	[0.796, 1.103]	[0.780, 1.059]	[0.989, 1.000]
陕西	[0.347, 0.691]	[0.347, 0.552]	[0.321, 0.517]	[0.306, 0.488]	[0.294, 0.466]	[0.431, 0.440]
甘肃	[0.985, 1.217]	[0.486, 0.984]	[0.451, 0.938]	[0.429, 0.897]	[0.411, 0.854]	[0.603, 0.786]
青海	[0.971, 1.888	[0.871, 1.449]	[0.818, 1.438]	[0.818, 1.347]	[0.818, 1.234]	[1.000, 1.000]
宁夏	[0.312, 1.185]	[0.312, 0.959]	[0.288, 0.888]	[0.277, 0.846]	[0.268, 0.812]	[0.384, 0.770]
新疆	[0.882, 1.811]]	[0.822, 1.376]	[0.790, 1.372]	[0.764, 1.286]	[0.729, 1.186]	[1.000, 1.000]

注：$\overline{\mathrm{WIE}_d}=[\theta_d^{UL^*},\ \theta_d^{LU^*}]$ 是DMU_d 的最宽区间效率；$\overline{\mathrm{UIE}_d}=[\theta_d^{UIE^{LL}},\ \theta_d^{UIE^{LU}}]$ 是基于效率补偿机制的区间效率；$\overline{\mathrm{CIE}_d\ (0.3)}$，$\overline{\mathrm{CIE}_d\ (0.5)}$，$\overline{\mathrm{CIE}_d\ (0.7)}$是引入参数 λ 测算的区间效率；$\overline{\mathrm{NIE}_d}$ 是DMU_d 的最窄区间效率。

图 5-3 表示区间效率的向上溢出比。从图 5-3 可以看出，对于所有省（自治区、直辖市），经过效率补偿以后，向上溢出效应降低，并且双侧效率补偿的效果优于单侧效率补偿，这是由于双侧效率补偿过程中，还考虑负向效率溢出的补偿，因此双侧情形下正向效率补偿力度大于单侧效率补偿力度。如图 5-3 所示，较双侧效率补偿前，所有省（自治区、直辖市）向上溢出比都减少了 50%。以北京为例，双侧效率补偿后，向上溢出比由 0.5157 下降到 0.2318（详见附表 5-2），降低了 50% 以上，这表明设置区间效率的上限和下限以补偿彼此之间的效率差距可以更好地减少溢出现象。

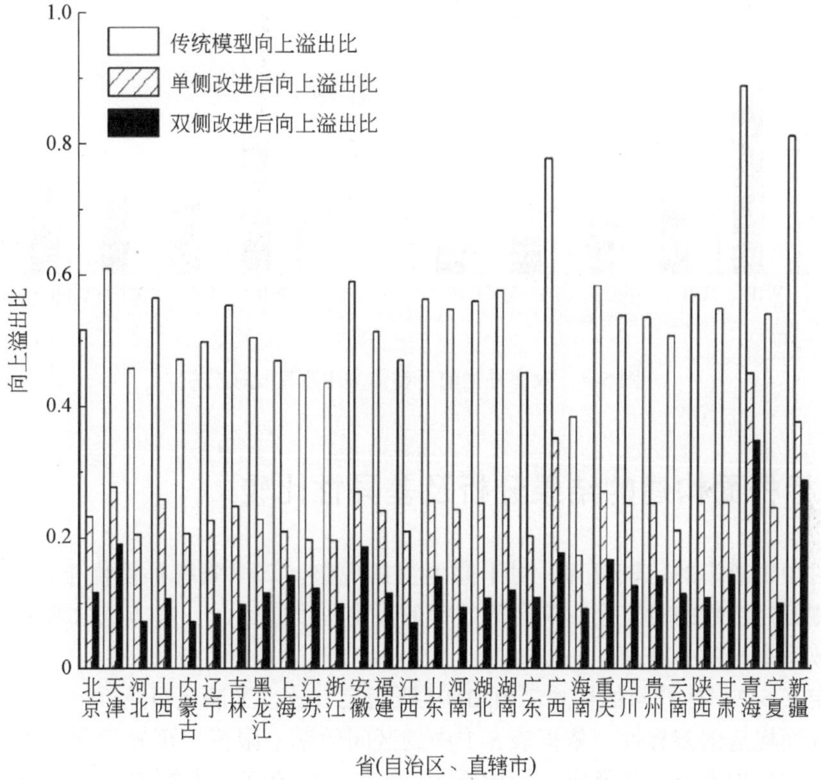

图 5-3　效率补偿前后向上溢出程度比较分析

基于双侧效率补偿的区间效率评价模型，本章还提出利用决策者对最佳生产可能集和最差生产可能集的偏好来调整效率溢出的程度。为表示整体调整效果，综合考虑所有省（自治区、直辖市）向上效率溢出比和向下效率溢出比的最大值和平均值，计算结果如图 5-4 所示，其中 WIE、UIE、CIE（0.3）、CIE（0.5）、CIE（0.7）分别表示使用模型（5-6）和模型（5-7）、模型（5-12）和模型（5-13），以及基于模型（5-17）和模型（5-18），并引入参数 0.3、0.5、0.7 的计算结果。计算结果表明，使用模型（5-6）和模型（5-7）计算 DMU 的上限和下限时，溢出现象明显。其中，向上溢出比的最大值为 0.888，平均值为 0.549，向下溢出比的最大值为 0.440，平均值为 0.329，根据本章提出的模型（5-12）和模型（5-13），向上溢出比的最大值为 0.449，平均值为 0.250，向下溢出比的最大值为 0.241，平均值为 0.180。根据模型（5-17）和模型（5-18），本章还可以引入参数 λ 来调整溢出比。例如，当

λ=0.7 时，向上溢出比的最大值为 0.297，平均值为 0.0934，向下溢出比的最大值为 0.326，平均值为 0.271。当 λ=0.5 时，向上溢出比的最大值为 0.347，平均值为 0.131，向下溢出比的最大值为 0.294，平均值为 0.245。当 λ=0.3 时，向上溢出比的最大值为 0.438，平均值为 0.183，向下溢出比的最大值为 0.257，平均值为 0.188。其向上溢出比大大降低，总体平均值和最大值降低了一半以上。这说明设置偏好参数以后，效率溢出（正向或负向）都得到了抑制，而且随着参数的增大，溢出程度越轻。

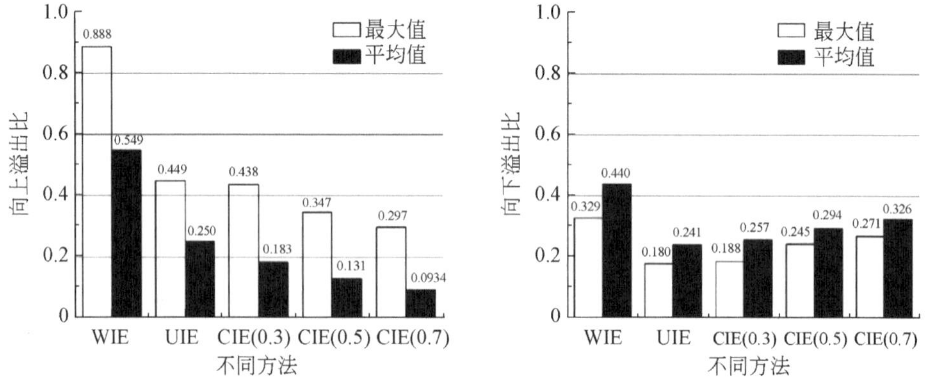

图 5-4　效率补偿前后整体溢出程度比较分析

5.4.2　标杆面构建的结果分析及差异性比较

通过对溢出效率的比较可知，对于向上溢出现象，双侧效率补偿优于单侧效率补偿，同时对双侧偏好参数的设定会影响区间效率的溢出程度。因此，本节选取基于双侧效率补偿的区间效率来构建标杆面。

根据定义 5-2，标杆面的构建需要 DMU 既满足有效性又满足可达性。为了比较效率补偿前后标杆面构建的差异性，依据表 5-1 中的区间效率上限值，可知效率补偿前，由于评价结果的正向溢出现象比较严重，因此有 19 个省（自治区、直辖市）具有有效性，在单侧效率补偿下，正向溢出效应得到调控，有效的省（自治区、直辖市）个数减少为 14 个，进一步地，在双侧效率补偿下，正向溢出现象进一步改善，而且从表 5-1 可知，随着参数增加，有效的省（自治区、直辖市）个数逐渐减少。当 λ=0.7 时，有效的省（自治区、直辖市）个数为 11 个。

根据定义 5-2，标杆的可达性可以由效率溢出度来判断。基于区间数可能度理论，本章进一步计算效率补偿前后的溢出度，分别为 $p(\overline{\mathrm{WIE}_j} \geqslant \overline{\mathrm{NIE}_j})$、$p(\overline{\mathrm{UIE}_j} \geqslant \overline{\mathrm{NIE}_j})$、$p(\overline{\mathrm{CIE}_j(0.3)} \geqslant \overline{\mathrm{NIE}_j})$、$p(\overline{\mathrm{CIE}_j(0.5)} \geqslant \overline{\mathrm{NIE}_j})$ 和 $p(\overline{\mathrm{CIE}_j(0.7)} \geqslant \overline{\mathrm{NIE}_j})$ 的溢出度，计算结果见图 5-4。根据溢出度与效率可达性之间的关系，效率补偿前，所有省（自治区、直辖市）溢出度都大于 0.5，不具有可达性。单侧效率补偿下，虽然所有 DMU 的溢出度减少，但仍都大于 0.5，所有省（自治区、直辖市）仍然不具有可达性。双侧效率补偿下，决策单元的溢出度进一步减少，例如当 λ=0.3 时，具有可达性的 DMU 达到 24 个，而且随着参数

增大，溢出度越小，具有可达性的 DMU 也逐渐增加。

结合 DMU 的可达性和有效性，可知效率补偿前以及在单侧效率补偿下，虽然有部分 DMU 具有有效性，但是所有 DMU 不具有可达性，因此无法构建标杆面。双侧效率补偿机制下，决策单元的有效性有所降低，但是可达性提高。设不同参数有效可达的 DMU 集合为 $S(\lambda)$。从表 5-2 来看，$S(0.3)$包含的元素有上海、浙江、江苏、广东、海南、云南、贵州和山东。$S(0.5)$包含的元素有上海、浙江、江苏、广东、海南、云南、贵州、山东、山西和河南，$S(0.7)$包含的元素有上海、浙江、江苏、广东、海南、云南、贵州、山东、山西、河南和山西，有 $S(0.3) \subset S(0.5) \subset S(0.7)$。这三个集合的交集是 $S(0.3)$，其元素是上海、浙江、江苏、广东、海南、云南、贵州和山东。将交集的元素视为构建标杆面的标杆点。$S(0.3)$集合中的 DMU 可以构成标杆面。

表 5-2　基于不同模型下的 DMU 溢出度和类型比较分析

DMU	$P(\text{WIE})$	$P(\text{UIE})$	$P[\text{CIE}(0.7)]$	$P[\text{CIE}(0.5)]$	$P[\text{CIE}(0.3)]$
北京	IEIA	EIA	IEA	IEA	IEA
天津	EIA	EIA	IEA	IEA	EIA
河北	EIA	EIA	IEA	IEA	IEA
山西	EIA	EIA	EA	EA	EIA
内蒙古	IEIA	IEIA	IEA	IEA	IEA
辽宁	IEIA	IEIA	IEA	IEA	IEA
吉林	IEIA	IEIA	IEA	IEA	IEA
黑龙江	IEIA	IEIA	IEA	IEA	IEA
上海	EIA	EIA	EA	EA	EA
江苏	EIA	EIA	EA	EA	EA
浙江	EIA	EIA	EA	EA	EA
安徽	IEIA	IEIA	IEA	IEA	IEA
福建	EIA	IEIA	IEA	IEA	IEA
江西	IEIA	IEIA	IEA	IEA	IEA
山东	EIA	EIA	EA	EA	EA
河南	EIA	EIA	IEA	EA	IEA
湖北	IEIA	IEIA	IEA	IEA	IEA
湖南	IEIA	IEIA	IEA	IEA	IEA
广东	EIA	EIA	EA	EA	EA
广西	IEIA	IEIA	IEIA	IEA	IEA
海南	EIA	EIA	EA	EA	EA
重庆	EIA	IEIA	IEA	IEA	IEA

续表

DMU	P(WIE)	P(UIE)	P[CIE(0.7)]	P[CIE(0.5)]	P[CIE(0.3)]
四川	EIA	IEIA	IEA	IEA	IEA
贵州	EIA	EIA	EA	EA	EA
云南	EIA	EIA	EA	EA	EA
陕西	IEIA	IEIA	IEA	IEA	IEA
甘肃	EIA	IEIA	IEA	IEA	IEIA
青海	EIA	EIA	EIA	EIA	EIA
宁夏	EIA	IEIA	IEA	IEA	EIA
新疆	EIA	EIA	EA	EIA	EIA

注：EA 代表有效且可达；IEA 代表无效但可达；EIA 代表有效但不可达；IEIA 代表无效不可达。

上海、浙江、江苏、广东是中国经济最发达的地区，对于这些区域，虽然林业在经济中的占比较小，但是森林碳汇作为重要的生态产品，这些地区所具有的优势得到了发挥。随着科技手段的引进，以及森林经营水平不断提高，这些区域取得的森林碳汇效率也相应较高，成为森林碳汇绩效管理中的标杆。云南、海南、贵州则由于其丰富的资源禀赋，如气候条件、立地条件，非常适用于蓄积量较高的阔叶林生长。例如，葱郁的森林覆盖使云南成为潜力巨大的超级碳库。因此，这几个省（自治区、直辖市）因森林资源丰富在森林碳汇绩效评价中成为标杆，也是森林碳汇效率较高的省（自治区、直辖市）。近年来，山东为治理沙尘暴，投入大量资金，积极搞林业和植树造林，加大护林力度，持续关注林业的固碳能力，在森林绩效的管理模式上具有标杆示范作用。

从评价结果来看，一方面根据各个省（自治区、直辖市）的经济发展情况、资源禀赋以及管理特点，资金、人员、土地面积的有效投入是提高环境保护效率的可行途径；另一方面横向生态保护补偿机制是指林业资源相对匮乏、经济发展较快地区的生态保护补偿。建立横向生态保护补偿机制，可以起到激励作用，高效缓解林业碳汇区域之间发展不平衡以及经济发展与环境保护之间的矛盾。

根据 5.4.1 节和 5.4.2 节的结果分析以及差异性比较，现对本章提出的模型所具有的优势做如下分析。

（1）从评价结果可以得出结论，本章通过效率补偿机制的设定可以减少正向或负向的效率程度，并没有造成过度补偿，补偿后的区间效率介于最宽区间效率内。其中，单侧效率补偿机制主要是针对正向溢出，双侧效率补偿通过相容约束机制同时兼顾双向溢出。分析比较效率补偿前后 DMU 的区间效率，对于正向效率溢出，双侧效率补偿机制优于单侧效率补偿机制。而且，双侧效率补偿中的主观参数可以调整补偿效果，测算结果表明随着参数增加，正向效率补偿效果增加。

（2）比较效率补偿前后的 DMU 可达性结果，效率补偿机制增加了 DMU 的可达性。按照案例中的计算结果，效率补偿前，没有省（自治区、直辖市）具有可达性，但是通过双侧效率补偿后，随着区间效率上限的下降，大部分省（自治区、直辖市）都具有可达性，这为选取标杆提供了参考价值。此外，通过 DMs 对生产可能集的偏好来调整区间效率，溢出度（表5-2）表明，参数越大，溢出度越小，因此DMU的可达性增加。这表明DMs越倾向于最佳生产可能集，DMs的可达性就越高。

（3）本章构建的标杆面考虑了DMU的区间效率的评价效率和可达性，标杆面构建更为合理。如果仅考虑有效性，效率补偿前，有19个省（自治区、直辖市）具有有效性。从现实层面考虑，过半的省（自治区、直辖市）在森林碳汇绩效管理中具有标杆示范作用，显然与现实情况不符，也不具备决策意义。通过可达性和有效性的综合考虑，以及综合不同参数下效率补偿的结果，最终选取了8个省（自治区、直辖市）作为标杆，而且这8个省（自治区、直辖市）分别具有经济优势、资源优势或管理优势，这为中国森林绩效管理提供了发展路径的指引，具有现实参考价值。

5.5 本章小结

在区间效率评价模型中，DMU的生产状态是可变的，其相应的生产可能集是可变的，因此在区间效率评价中存在溢出效率（正向或负向）。为了降低溢出效率，本章提出了一种效率差距补偿机制，首先考虑该机制在仅以单个生产可能集作为参照下的效率溢出效果，其次同时考虑了最佳生产可能集和最差生产可能集下该机制以兼容方式所产生的效率溢出效果，针对不同的情景，本章构建了相应的区间效率评价模型，通过对模型的分析得到如下总论。

（1）效率差距补偿机制有效地减少了效率溢出现象。本章详细地分析了在最差生产可能集和最佳生产可能集下，效率差距补偿机制作用的机理，得出结论：在最差生产可能集下，效率差距补偿机制可以在一定程度上减少正向溢出，然而，在最佳生产可能集下，该机制是失效的。进一步地，本章考虑到评价统一性和全面性，设定了效率差距补偿机制的相容约束，同时在最佳生产可能集和最差生产可能集下进行交互式补偿，并使区间效率评价结果中的正向溢出度和负向溢出度都减少。为增加模型的柔性，本章还引入了参数来表示DMs对生产可能集的偏好，以调整正向溢出和负向溢出减少的程度。

（2）本章建立的标杆面不仅考虑了DMU的有效性，还增加考虑了标杆面的可达性，提高了区间DEA中标杆面设置的合理性。首先，本章从传统DEA评价方式出发，设定了区间效率基准区间。其次，通过一般区间效率和基准区间之间的可能度定义来表示评价结果的溢出度，并基于溢出度定义了DMU效率的可达性。再次，本章结合DMU的有效性和可达性共同定义了标杆面。此外，考虑DMs生产可能集的偏好，使标杆面的构建可以适应不同的决策环境。

（3）本章为中国森林绩效管理提供了发展路径的指引，具有现实参考价值。从标杆面的选取可知，林业投入和人才技术对提高森林碳汇具有重要的作用，资源禀赋可以决定林业投入和人才技术的利用效率。因此，提高林业资本投入以及加强人才建设依然是森林碳汇高质量发展的关键。而为了解决资源禀赋的差异性，横向补偿机制也是提高森林碳汇区域发展平衡性的重要途径。

然而，本研究还存在两点不足：一是本研究中的效率差距补偿机制以线性形式给出。如果可以直接以非线性的形式来说明效率差距补偿形式，可以增加DMU最终效率评价的可达性。因此，在下一步研究中，本书考虑构造非线性效率补偿机制，讨论非线性模型的迭代算法。二是本研究仅考虑两个极端生产可能集（最佳生产可能集和最差生产可能集）下的区间效率评估。接下来，本书将考虑中间变量状态下的区间效率评估，甚至将离散生产可能集扩展为连续生产可能集，来构建区间效率评价模型。

第6章 森林碳汇异质性多阶段效率改进研究

6.1 森林碳汇效率改进问题描述

林区异质性作为森林碳汇资源配置中的一个核心考量因素，长期以来却未得到应有的重视。具体而言，林区异质性涵盖了地理位置、气候条件、土壤类型及植被类型等多维度差异，这些差异深刻影响着不同林区的碳汇潜能。忽视这些异质性特征，盲目推进碳汇资源配置，不仅会引发资源分配的不合理，还可能显著降低配置效率。例如，在干旱区域盲目种植高耗水树种，不仅加剧了水资源紧张，还可能削弱预期的碳汇效益。进一步地，从森林碳汇的投入产出结构视角审视资源配置，林区的异质性特征对碳汇的投入成本与产出效益均产生显著影响。投入方面，不同林区在土壤改良、水分管理、病虫害防治等森林经营管理上的需求大相径庭，直接决定了碳汇项目的初期投入成本及后续维护费用。例如，在肥沃土壤与适宜气候条件下的林区，林木生长速度快，碳汇积累效率高，相对而言，对土壤改良与水分管理的投入需求较低；反之，在土壤贫瘠或气候条件恶劣的林区，则需要更多的资源投入，以确保林木健康生长，进而维持或提升碳汇能力。产出方面，林区的异质性同样决定了碳汇的产出效率与质量。某些林区因其独特的生态条件，能够生产出更高质量的碳汇产品，如富含特定生物多样性的森林，其碳汇价值往往更高，同时，这些森林在生态旅游、生物多样性保护等非碳汇效益方面也具有更大潜力。因此，在资源配置时，需综合考虑碳汇的直接产出（碳储存量）与间接产出（如生态服务价值），以实现碳汇效益的最大化。综上所述，在规划森林碳汇资源配置时，必须细致审视并充分融入林区异质性因素，并兼顾投入产出的结构性差异，旨在实现碳汇资源的优化配置与高效利用，从而最大化碳汇效益，促进资源的可持续管理，同时兼顾生态、经济与社会效益的协同发展。因此，在考虑森林碳汇资源配置时，必须充分考虑林区的异质性，以实现碳汇资源的优化配置和高效利用。

在生态领域，受到空间异质性、时间变化性以及测量仪器精度局限性的影响，指标数据的区间化表征成为一种常见现象。相较于单一数值表示法，区间数能够更全面地反映数据的不确定性，从而提高评价的柔性。这种柔性评价不仅能够更贴近实际地反映森林碳汇的复杂状况，还能够减少由数据不确定性带来的评价偏差，提高评价的准确性。基于区间数的森林碳汇效率测度结果，并进一步深入分析不同区域森林碳汇的实际情况和差异，可以制定出更具有针对性的政策措施，以促进森林碳汇的可持续发展。

本章提出了一种处理区间数据的资源优化配置方法，用于设计 DMU 从最差的生产点优化到最佳生产集边界的分阶段改进计划。该方法首先根据 DMU 的异质性对其进行分组，并依据其效率值对其进行分类；其次通过考虑 DMU 的最差和最佳生产状态来构建多个标杆面；最后根据每个 DMU 的所属组和类型选择合适的基准面，并使用该模型计算每个阶段的标杆点。

6.2 考虑异质性的多阶段区间效率改进模型

6.2.1 基于效率的改进标杆面设置

本节将 n 个 DMU 分为 k 组，$\mathrm{PPS}_c^{\mathrm{L}}$ 和 $\mathrm{PPS}_c^{\mathrm{U}}$ 分别表示第 c 组（$c=1，2，\cdots，k$）的最差生产可能集和最佳生产可能集。同理地，$\mathrm{PPS}^{\mathrm{L}}$ 和 $\mathrm{PPS}^{\mathrm{U}}$ 分别表示所有决策单元的最差生产可能集和最佳生产可能集。基于上述生产可能集给出如下定义。

定义 6-1：DMU 效率类型的定义。

设 $\theta_{cd}^{\mathrm{LL}}$是 DMU_d基于 $\mathrm{PPS}_c^{\mathrm{L}}$ 使用模型（6-1）所得出的最差生产点的效率值。具体模型如下所示：

$$\min\ \theta_d^{\mathrm{LL}}$$
$$\text{s. t.}\begin{cases}\sum\limits_{j=1}^{n} x_j^{\mathrm{U}}\lambda_j \leqslant \theta_d^{\mathrm{LL}}x_d^{\mathrm{U}}\\ \sum\limits_{j=1}^{n} y_j^{\mathrm{L}}\lambda_j \geqslant y_d^{\mathrm{L}}\\ \lambda_j \geqslant 0, j=1,\cdots,n\end{cases} \tag{6-1}$$

$\theta_{cd}^{\mathrm{LL}}$的第一个上标代表基于 $\mathrm{PPS}_c^{\mathrm{L}}$ 进行效率测度，当该上标为 U 时，代表 $\mathrm{PPS}_c^{\mathrm{U}}$；第二个上标 L 代表被评 DMU 为最差的生产点，当该上标为 U 时，被评 DMU 为最佳生产点；第一个下标 c 表示被评 DMU 属于组 c；当该下标为 g 时，表示被评 DMU 属于全局生产可能集。下文中上下标采用类似定义方式。

(1) L-cL 有效。当 $\theta_{cd}^{\mathrm{LL}}=1$ 时，代表 DMU_d的最差生产点在 $\mathrm{PPS}_c^{\mathrm{L}}$ 中有效，即 L-cL 有效。

(2) U-cL 有效。当 $\theta_{cd}^{\mathrm{UL}}=1$ 时，代表 DMU_d 的最差生产点在 $\mathrm{PPS}_c^{\mathrm{U}}$ 中有效，即 U-cL 有效。

(3) L-cU 有效。当 $\theta_{cd}^{\mathrm{LU}}=1$ 时，代表 DMU_d的最佳生产点在 $\mathrm{PPS}_c^{\mathrm{L}}$ 中有效，即 L-cU 有效。

(4) U-cU 有效。当 $\theta_{cd}^{\mathrm{UU}}=1$ 时，代表 DMU_d的最佳生产点在 $\mathrm{PPS}_c^{\mathrm{U}}$ 中有效，即 U-cU 有效。

同理地，基于全局生产可能集，可以使用 $\theta_{gd}^{\mathrm{LL}}$、$\theta_{gd}^{\mathrm{UL}}$、$\theta_{gd}^{\mathrm{LU}}$和 $\theta_{gd}^{\mathrm{UU}}$定义 L-gL、U-gL、L-gU 和 U-gU 有效。

备注 1：在区间 DEA 中，任何 DMU 的最差生产点可能仅在 $\mathrm{PPS}_c^{\mathrm{L}}$ 和 $\mathrm{PPS}^{\mathrm{L}}$ 内有效（Liu et al.，2018）。

根据上述定义，继续定义每个前沿面。

定义 6-2：有效前沿面定义。

(1) 组前沿面下界。L-cL 有效 DMU 的最差生产点构成组前沿面下界 $\partial(T_c^{\mathrm{L}})$。

(2) 组前沿面上界。U-cU 有效 DMU 的最佳生产点构成组前沿面上界 $\partial(T_c^{\mathrm{U}})$。

(3) 全局前沿面下界。L-gL 有效 DMU 的最差生产点构成组前沿面下界 $\partial(T_g^L)$。

(4) 全局前沿面上界。L-cL 有效 DMU 的最佳生产点构成组前沿面上界 $\partial(T_g^U)$。

6.2.2 决策单元改进类型定义

在传统的资源优化配置方法中，会为某些 DMU 设置不具备可达性的标杆（朱建华等，2023）。本研究提出以下两个条件对上述 DMU 进行识别，并将其定义为“组内改进型”。其余的 DMU 被定义为“全局改进型”。全局改进型以全局前沿面为目标进行改进，而组内改进型首先基于组前沿面进行改进，其次以全局前沿面上界为最终目标进行改进。具体分组流程将会在本节阐述。

条件 1：DMU 属于 L-cL 有效。

在传统的资源优化配置过程中，效率更高的 DMU 更有可能达成最终改进目标。将满足条件 1 的 DMU 定义为“全局改进型”，而不满足条件 1 的 DMU 将在下一个条件中进行评估，以确定它们是否被定义为“组内改进型”。

条件 2：仅考虑产出变量，前沿面 $\partial(T_c^L)$ 的构成点的权重相加为 1 时，不能线性组合以形成被评 DMU 的最差生产点。

备注 2：对于条件 2 的评估，采用如下方法 $Y_{rj}^L(r=1, 2, \cdots, s)$。

设 DMU_j是组 c 中的任一决策单元，是其最差生产点的第 r 个产出值。设 $y_r^{ML}=\max\limits_{i\in\partial(T_c^L)} y_{ri}^L$ $(r=1, 2, \cdots, s)$ 是前沿面 $\partial(T_c^L)$ 构成点中第 r 个产出的最大值。当 DMU_j的任意产出值满足 $Y_{rj}^L>y_r^{ML}(r=1, 2, \cdots, s)$，则代表 DMU_j的最差生产点的产出无法由 $\partial(T_c^L)$ 的构成点在权重和为 1 的情况下线性构成，即 DMU_j满足条件 2。

在边界凸性的假设下，当被评价 DMU 的产出值超过 $\partial(T_c^L)$ 上所有点的产出值时，则需要减少产出以改进到有效边界。然而，在大部分情况下，决策者都不愿意降低产出。因此，以 $\partial(T_c^L)$ 为目标进行改进是不合理的。不符合条件 1 且不符合条件 2 的 DMU 被定义为组内改进型。符合条件 2 的 DMU 被定义为全局改进型。

改进类型定义：当 DMU 不能满足上述两个条件时，则将其归类为组内改进型，当满足其中任何一个条件时，则将其归类为全局改进型。

6.2.3 决策单元区间效率改进模型构建

在区间 DEA 中，全局前沿面上界代表了 DMU 可以实现的最佳生产状态。因此，将全局前沿面上界作为资源优化配置的最终目标，使 DMU 的生产潜力得到充分发挥。为了确保资源优化配置方案的可达性，可以建立多个中间目标（朱建华等，2023；Toloo et al., 2018；Davtalab-Olyaie and Asgharian 2021）。本节分别针对组内改进型和全局改进型提出了不同阶段的资源优化配置方案，同时确保每个阶段的改进空间和可达性。

1. 全局改进型 DMU 的资源优化配置程序

全局改进型 DMU 将 $\partial(T_g^L)$ 作为第一阶段改进目标，$\partial(T_g^U)$ 作为第二阶段目标。下面将会对每个阶段展开讨论。

全局改进型 DMU 在第一阶段分为两种情况。以 DMU_d为例对这两种情况展开讨论。

（1）当 $\theta_{gd}^{LL}<1$ 时，以 $\partial(T_g^L)$ 为改进目标可以提升 DMU_d的效率。

（2）当 $\theta_{gd}^{LL}=1$ 时，以 $\partial(T_g^L)$ 为改进目标无法提升 DMU_d的效率。DMU_d的最差生产点位于 $\partial(T_g^L)$ 上，因此 DMU_d无须进行第一阶段改进。

本书提出以下定理来讨论第二阶段的改进。

定理 6-1：设 DMU_d为任意位于 $\partial(T_g^U)$ 上的决策单元，设 DMU_j为任意决策单元。基于 PPS^U 进行效率值计算，则会有 $\theta_{gd}^{UU}>\theta_{gj}^{UL}$。

证明：根据区间 DEA 中 DMU 最差生产点和最佳生产点的定义，可以得出 $\theta_{gj}^{UU}>\theta_{gj}^{UL}$。当 DMU_d位于 $\partial(T_g^U)$ 上时，满足 $\theta_{gd}^{UU}\geqslant\theta_{gj}^{UU}$。若 $\theta_{gd}^{UU}\leqslant\theta_{gj}^{UL}$，则可以推断出 $\theta_{gj}^{UU}\leqslant\theta_{gd}^{UU}\leqslant\theta_{gj}^{UL}$，与 $\theta_{gj}^{UU}>\theta_{gj}^{UL}$相悖。证明完成。

第一阶段的资源优化配置过程可以将 DMU 优化至 $\partial(T_g^L)$。第二阶段资源优化配置程序的改进目标为 $\partial(T_g^U)$。$\partial(T_g^L)$由最差生产点组成。根据定理 6-1，当基于 PPS^U 计算效率值时，$\partial(T_g^U)$上任何点的效率值将大于任何 DMU 的最差生产点的效率值。因此，第二阶段可以进一步优化全局改进型 DMU 的效率。

本节改进了 Ramón 等（2018）提出的两阶段 DEA 标杆管理。在 Ramón 等（2018）提出的两阶段 DEA 标杆管理模型中，标杆点要求产出必须超过被评 DMU 的产出，而投入必须低于被评 DMU 的投入。当使用该模型计算资源优化配置的标杆点时，它不允许通过增加产出同时增加投入使 DMU 的效率提高。然而，在某些行业，决策者更看重产出，在一定程度上可以接受增加投入。例如，中国的森林碳汇项目，在“双碳”目标的背景下，政府更加重视增加碳汇量，即使这需要进一步增加投入。因此，相对于原始模型，在第一阶段，引入 $s_{id}^{aE-}-s_{id}^{bE-}$（$s_{id}^{aE-}$，$s_{id}^{bE-}\geqslant0$）作为第一个约束的松弛变量，允许标杆点的投入超过被评 DMU 的投入。在计算第一阶段的标杆点时，设计第一个约束为 $\sum_{j\in E}\lambda_j^E x_{ij}=x_{id}-(s_{id}^{aE-}-s_{id}^{bE-})$。然后，使用第二个约束 $x_{id}-(s_{id}^{aE-}-s_{id}^{bE-})\geqslant0$ 来确保标杆点的投入是非负的。在第二阶段，基于这一概念也设计了类似的约束。模型（6-3）中第二阶段的前三个约束与第一阶段相比，结构差异在于优化过程的起点不同。第一阶段的起点是$(x_{id},\ y_{rd})$，而第二阶段的起点则是$(x_{id}-(s_{id}^{aE-}-s_{id}^{bE-}),\ y_{rd}+s_{rd}^{E+})$。

最小化被评 DMU 的投入产出值（X_d，Y_d）到第一阶段标杆面的距离，以确定第一阶段的标杆点（$\hat{X}_d^1$，$\hat{Y}_d^1$）。因此，采用式（6-2）作为第一阶段的目标函数。

$$\|(X_d,Y_d)-(\hat{X}_d^1,\hat{Y}_d^1)\|_1^{\omega}=\sum_i^m\frac{(s_{id}^{aE-}+s_{id}^{bE-})}{x_{id}}+\sum_r^s\frac{s_{rd}^{E+}}{y_{rd}} \tag{6-2}$$

$$\|(X_d,Y_d)-(\hat{X}_d^2,\hat{Y}_d^2)\|_1^{\omega}=\sum_i^m\frac{(s_{id}^{ae-}+s_{id}^{be-})}{x_{id}}+\sum_r^s\frac{s_{rd}^{e+}}{y_{rd}} \tag{6-3}$$

在式（6-2）中，$s_{id}^{aE-}+s_{id}^{bE-}$表示松弛变量 $s_{id}^{aE-}-s_{id}^{bE-}$的绝对值。同样地，在第二阶段，采用与第一阶段类似的改进方法，并使用式（6-3）作为第二阶段的目标函数。随后，通过模型（6-4）的约束 2 和约束 11 确保第一阶段和第二阶段基准点的投入值不会变为负值。改进后的模型如式（6-4）所示。

在模型（6-4）中，变量 x_{id}，$i=1$，…，m 表示被评 DMU 最差生产点的投入，而变量 y_{rd}，$r=1$，…，s 表示产出。变量 E 和 e 分别代表第一阶段和第二阶段的改进目标。对于全局改进型 DMU，E 和 e 分别为 $\partial(T_g^{\mathrm{L}})$ 和 $\partial(T_g^{\mathrm{U}})$。$M^E$ 和 M^e 是极大值。DMU_d 在第一阶段标杆点的投入为 $x_{id}-(s_{id}^{*aE-}-s_{id}^{*bE-})(i=1, 2, \cdots, s)$，产出为 $y_{rd}+s_{rd}^{*E+}(i=1, 2, \cdots, s)$；第二阶段标杆点的投入为 $[x_{id}-(s_{id}^{*aE-}-s_{id}^{*bE-})]-(s_{id}^{*ae-}-s_{id}^{*be-})(i=1, 2, \cdots, s)$，产出为 $(y_{rd}+s_{rd}^{*E+})+s_{rd}^{*e+}(i=1, 2, \cdots, s)$；当全局改进型 DMU 属于第二种情况时，第一阶段的模型计算结果将与其投入产出相同，表明不需要改进。

$$\min \sum_{i}^{m} \frac{(s_{id}^{aE-}+s_{id}^{bE-})}{x_{id}} + \sum_{r}^{s} \frac{s_{rd}^{E+}}{y_{rd}} + \sum_{i}^{m} \frac{(s_{id}^{ae-}+s_{id}^{be-})}{x_{id}} + \sum_{r}^{s} \frac{s_{rd}^{e+}}{y_{rd}}$$

第一阶段：

$$\begin{aligned}
&\sum_{j\in E} \lambda_j^E x_{ij} = x_{id} - (s_{id}^{aE-} - s_{id}^{bE-}) && i=1,\cdots,m\\
&x_{id} - (s_{id}^{aE-} - s_{id}^{bE-}) \geqslant 0 && i=1,\cdots,m\\
&\sum_{j\in E} \lambda_j^E y_{rj} = y_{rd} + s_{rd}^{E+} && r=1,\cdots,s\\
&\sum_{j\in E} \lambda_j^E = 1 &&\\
&-\sum_{i=1}^{m} v_i^E x_{ij} + \sum_{r=1}^{s} u_r^E y_{rj} + u_d^E + d_j^E = 0 && j\in E\\
&v_i^E x_{id} \geqslant 1 && i=1,\cdots,m\\
&u_r^E y_{rj} \geqslant 1 && r=1,\cdots,s\\
&d_j^E \leqslant M^E b_j^E && j\in E\\
&\lambda_j^E \leqslant M^E(1-b_j^E) && j\in E
\end{aligned}$$

第二阶段：

$$\begin{aligned}
&\sum_{j\in e} \lambda_j^e x_{ij} = [x_{id} - (s_{id}^{aE-} - s_{id}^{bE-})] - (s_{id}^{ae-} - s_{id}^{be-}) && i=1,\cdots,m\\
&[x_{id} - (s_{id}^{aE-} - s_{id}^{bE-})] - (s_{id}^{ae-} - s_{id}^{be-}) \geqslant 0 && i=1,\cdots,m\\
&\sum_{j\in e} \lambda_j^e y_{rj} = (y_{rd} + s_{rd}^{E+}) + s_{rd}^{e+} && r=1,\cdots,s\\
&\sum_{j\in e} \lambda_j^e = 1 &&\\
&-\sum_{i=1}^{m} v_i^e x_{ij} + \sum_{r=1}^{s} u_r^e y_{rj} + u_d^e + d_j^e = 0 && j\in e\\
&v_i^e x_{id} \geqslant 1 && i=1,\cdots,m\\
&u_r^e y_{rj} \geqslant 1 && r=1,\cdots,s\\
&d_j^e \leqslant M^e b_j^e && j\in e\\
&\lambda_j^e \leqslant M^e(1-b_j^e) && j\in e
\end{aligned}$$

$$
\begin{aligned}
& s_{id}^{aE-}, s_{id}^{bE-}, s_{rd}^{E+} \geqslant 0 && i=1,\cdots,m \\
& s_{id}^{ae-}, s_{id}^{be-}, s_{rd}^{e+} \geqslant 0 && r=1,\cdots,s \\
& \lambda_j^E, d_j^E \geqslant 0 && j \in E \\
& \lambda_j^e, d_j^e \geqslant 0 && j \in e \\
& b_j^E \in \{0,1\} && j \in E \\
& b_j^e \in \{0,1\} && j \in e \\
& u_d^E, u_d^e \text{ 取任意值}
\end{aligned}
\tag{6-4}
$$

2. 组内改进型 DMU 资源优化配置程序

本节将 Walheer（2023）提出的技术效率（TE）和技术差距（TG）的计算模型扩展到区间 DEA。模型如下：

$$
\begin{aligned}
& \mathrm{TE}^{\mathrm{U}} = \max\ \theta^{\mathrm{U}} \\
& \sum_{j \in \partial(T^{\mathrm{U}})} \lambda_j y_j^{\mathrm{U}} \geqslant \theta^{\mathrm{U}} y_D \\
& \sum_{j \in \partial(T^{\mathrm{U}})} \lambda_j x_j^{\mathrm{L}} \leqslant x_D \\
& \lambda_j \geqslant 0, \theta^{\mathrm{U}} \geqslant 0
\end{aligned}
\tag{6-5}
$$

$$
\begin{aligned}
& \mathrm{TE}^{\mathrm{L}} = \max\ \theta^{\mathrm{L}} \\
& \sum_{j \in \partial(T^{\mathrm{L}})} \lambda_j y_j^{\mathrm{L}} \geqslant \theta^{\mathrm{L}} y_D \\
& \sum_{j \in \partial(T^{\mathrm{L}})} \lambda_j x_j^{\mathrm{U}} \leqslant x_D \\
& \lambda_j \geqslant 0, \theta^{\mathrm{L}} \geqslant 0
\end{aligned}
\tag{6-6}
$$

在模型（6-5）和模型（6-6）中，参考点 DMU_D（x_D，y_D）由所有 DMU 的最大投入值和最大产出值组成。在模型（6-5）中，变量(x_j^{L}，y_j^{U})，$j \in \partial(T^{\mathrm{U}})$表示前沿面 $\partial(T^{\mathrm{U}})$上的一个点。在模型(6-6)中，变量(x_j^{U}，y_j^{L})，$j \in \partial(T^{\mathrm{L}})$表示前沿面 $\partial(T^{\mathrm{L}})$上的一个点。$\partial(T^{\mathrm{U}})$和 $\partial(T^{\mathrm{L}})$分别代表可变生产可能集的上界和下界。模型（6-5）用于评估上界的 TE，最优解 $\theta^{\mathrm{U}*}$是被评前沿面 TE。模型（6-6）用于评估下界的 TE，最优解 $\theta^{\mathrm{L}*}$是被评前沿面的 TE。通过模型（6-5），可以计算前沿面 $\partial(T_{\mathrm{g}}^{\mathrm{U}})$和 $\partial(T_c^{\mathrm{U}})$的 TE 即 $\mathrm{TE}_{\mathrm{g}}^{\mathrm{U}}$ 和 $\mathrm{TE}_c^{\mathrm{U}}$。基于全局前沿面的 TE，计算了 $\mathrm{TE}_c^{\mathrm{U}}$ 的技术差距 $\mathrm{TG}_c^{\mathrm{U}}=\mathrm{TE}_c^{\mathrm{U}}/\mathrm{TE}_{\mathrm{g}}^{\mathrm{U}}$；$\mathrm{TE}_c^{\mathrm{L}}$ 的技术差距 $\mathrm{TG}_c^{\mathrm{L}}=\mathrm{TE}_c^{\mathrm{L}}/\mathrm{TE}_{\mathrm{g}}^{\mathrm{L}}$。将 $\partial(\mathrm{T}_{\mathrm{g}}^{\mathrm{U}})$上的所有点的产出乘以 $\mathrm{TG}_c^{\mathrm{U}}$ 得到虚拟前沿面 $\partial^*(T_c^{\mathrm{U}})$，将 $\partial(T_{\mathrm{g}}^{\mathrm{L}})$上的所有点的产出乘以 $\mathrm{TG}_c^{\mathrm{L}}$ 得到虚拟前沿面 $\partial^*(T_c^{\mathrm{L}})$。

接下来，在两种情况下考虑了组内改进型 DMU 的资源分配优化过程。假设 DMU_d是 c 组中的组内改进型 DMU，它将分为以下两种情况。

（1）当 $\mathrm{TG}_c^{\mathrm{U}}=1$ 时，DMU_d不需要进行第三阶段改进。当 $\mathrm{TG}_c^{\mathrm{L}}=1$ 时，DMU_d以与全局改进型一致的方式使用模型（6-4）进行计算。

（2）当 $\mathrm{TG}_c^{\mathrm{U}}<1$ 时，DMU_d需要进行第三阶段改进。设 $E=\partial^*(T_c^{\mathrm{L}})$，$e=\partial^*(T_c^{\mathrm{U}})$，使用模型（6-4）进行计算，以获得 DMU 前两个阶段的标杆点，然后使用模型（6-7）计算最后

一个阶段的标杆点。模型如下所示：

$$
\begin{aligned}
&\min \sum_{i}^{m} \frac{(s_{id}^{a-} + s_{id}^{b-})}{x_{id}} + \sum_{r}^{s} \frac{s_{rd}^{+}}{y_{rd}} \\
&\sum_{j \in \partial(T_g^U)} \lambda_j x_{ij} = x_{id} - (s_{id}^{a-} - s_{id}^{b-}) && i = 1,\cdots,m \\
&x_{id} - (s_{id}^{a-} - s_{id}^{b-}) \geqslant 0 && i = 1,\cdots,m \\
&\sum_{j \in \partial(T_g^U)} \lambda_j y_{rj} = y_{rd} + s_{rd}^{+} && r = 1,\cdots,s \\
&\sum_{j \in \partial(T_g^U)} \lambda_j = 1 \\
&-\sum_{i=1}^{m} v_i x_{ij} + \sum_{r=1}^{s} u_r y_{rj} + u_d + d_j = 0 && j \in \partial(T_g^U) \\
&v_i x_{id} \geqslant 1 && i = 1,\cdots,m \\
&u_r y_{rj} \geqslant 1 && r = 1,\cdots,s \\
&d_j \leqslant M b_j && j \in \partial(T_g^U) \\
&\lambda_j \leqslant M(1 - b_j) && j \in \partial(T_g^U) \\
&s_{id}^{a-}, s_{id}^{b-} \geqslant 0 && i = 1,\cdots,m \\
&s_{rd}^{+} \geqslant 0 && r = 1,\cdots,s \\
&\lambda_j, d_j \geqslant 0 && j \in \partial(T_g^U) \\
&b_j \in \{0,1\} && j \in \partial(T_g^U) \\
&u_d^E \text{ 取任意值}
\end{aligned}
\tag{6-7}
$$

模型（6-7）的构造方法类似于模型（6-4），将两阶段模型转化为一阶段模型。模型（6-7）中被评 DMU 的投入产出值为组内改进型 DMU 第二阶段标杆点的投入产出值。由模型（6-7）得出第三阶段标杆点的投入为 $x_{id}-(s_{id}^{a-}-s_{id}^{b-})(i=1,\ \cdots,\ m)$，产出为 $y_{rd}+s_{rd}^{+}(r=1,\ \cdots,\ s)$。

3. 区间资源优化配置模型流程步骤

步骤 1：依据异质性将 n 个 DMU 分为 k 组。

步骤 2：计算每个 DMU 最差生产点的效率。基于 PPS^L 使用模型（6-1）计算每个 DMU 最差生产点的效率。

步骤 3：确定 DMU 的类型。基于步骤 2 的计算结果，确定 DMU 是否同时不满足前文提及的条件 1 和条件 2。如果 DMU 不同时满足条件 1 和条件 2，则属于组内改进型；否则，属于全局改进型。

步骤 4：基于定义 6-2 构建有效前沿面 $\partial(T_g^L)$、$\partial(T_g^U)$、$\partial(T_c^L)$ 和 $\partial(T_c^U)$。

步骤 5：计算 TE 和 TG 的具体数值。使用模型（6-5）和模型（6-6）计算有效前沿面 $\partial(T_g^L)$、$\partial(T_g^U)$、$\partial(T_c^L)$ 和 $\partial(T_c^U)$ 相应的 TE。基于每个有效前沿面的 TE，计算 TG 即 TG_c^L 和 TG_c^U。通过 TG_c^L 和 TG_c^U 得出虚拟前沿面 $\partial(T_c^{L*})$ 和 $\partial(T_c^{U*})$。

步骤 6：使用资源优化配置模型计算各个 DMU 的标杆点。使用模型（6-3）计算全局改进型 DMU 的各个标杆点。使用模型（6-4）和模型（6-7）计算组内改进型 DMU 的各个标杆点。

步骤 7：完成资源优化配置。

4. 区间资源优化配置模型技术路线图

在确定了两种类型的 DMU 每个阶段的改进目标并结合了每个阶段的计算模型后，本研究提出的区间资源优化配置模型的技术路线图如图 6-1 所示。

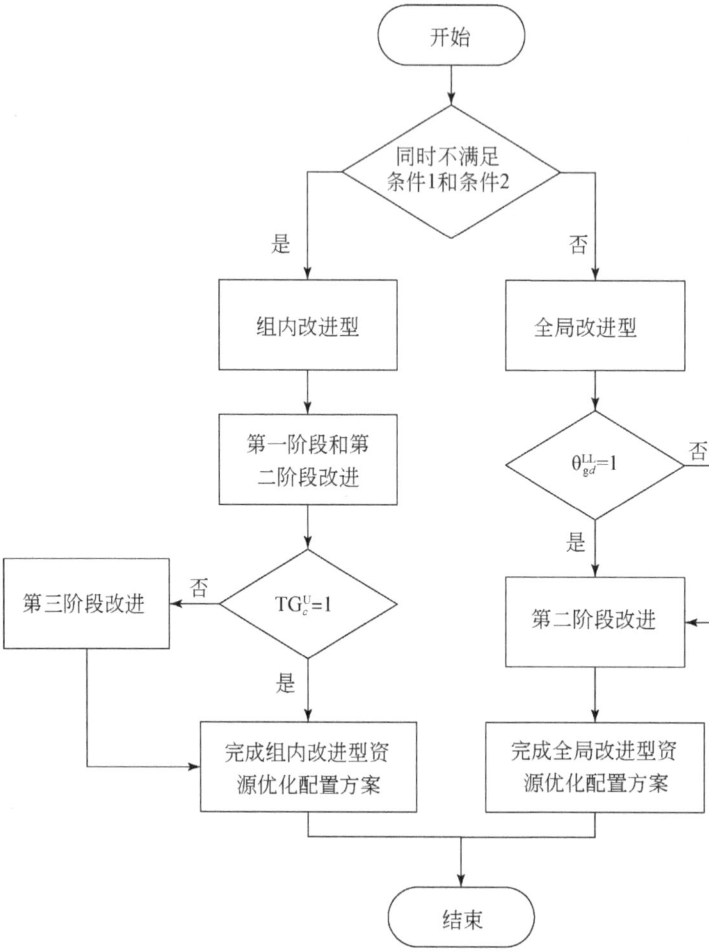

图 6-1　区间资源优化配置模型的技术路线图

输入：DMU 最差生产点投入产出值、效率值 θ_{cd}^{LL}（$c=1, 2, \cdots, k$）、技术差距 TG_c^U（$c=1, 2, \cdots, k$）。

输出：DMU 各个阶段的资源优化配置标杆点。

6.3 算例分析

假设有一组由区间数据表示的 DMU：$T=\{1, 2, 3, 4, A, B, C\}$，每个 DMU 有两个投入和一个产出。我们根据其特性将这些 DMU 分为两组：$\{1, 2, 3, 4\}$和$\{A, B, C\}$。表 6-1 显示了最差生产状况下的投入和产出，而表 6-2 显示了最佳生产状况下投入和产出。

表 6-1　最差生产点表

组别	DMU	x^{U}	x_2^{U}	y^{L}	$\theta_{gd}^{\mathrm{LL}}$	$\theta_{cd}^{\mathrm{LL}}$
组 1	1	5	4	10	1	1
	2	8	3	6	0. 8	0. 8
	3	7	5	9	0. 72	0. 72
	4	6	9	10	0. 83	0. 83
组 2	A	4	8	9	1	1
	B	5	4	8	0. 8	1
	C	5	10	5	0. 5	0. 5

表 6-2　最佳生产点表

组别	DMU	x^{L}	x_2^{L}	y^{U}	$\theta_{gd}^{\mathrm{UU}}$	$\theta_{cd}^{\mathrm{UU}}$
组 1	1	4	3	14	1	1
	2	7	2	8	0. 86	0. 86
	3	5	3	10	0. 71	0. 71
	4	3	6	13	1	1
组 2	A	3	7	10	0. 77	1
	B	4	3	11	0. 79	1
	C	4	9	9	0. 52	0. 68

表 6-1 和表 6-2 分别显示了 DMU 在最差和最佳生产状况下的投入和产出数据。表 6. 1 显示了 DMU 在最差生产点的全局效率 $\theta_{gd}^{\mathrm{LL}}$和组内效率 $\theta_{cd}^{\mathrm{LL}}$。表 6. 2 显示了 DMU 在最佳生产点的全局效率 $\theta_{gd}^{\mathrm{UU}}$和组内效率 $\theta_{cd}^{\mathrm{UU}}$。

6. 3. 1　灵敏度分析

假设在区间数据中最差和最佳投入差为 $\Delta X=X^{\mathrm{U}}-X^{\mathrm{L}}=\{x^{\mathrm{U}}-x^{\mathrm{L}}, x_2^{\mathrm{U}}-x_2^{\mathrm{L}}\}$，产出差为 $\Delta Y=Y^{\mathrm{U}}-Y^{\mathrm{L}}=\{y^{\mathrm{U}}-y^{\mathrm{L}}, y_2^{\mathrm{U}}-y_2^{\mathrm{L}}\}$，可以推导出 DMU 的区间数据是 $(X, Y)=(X^{\mathrm{U}}-\alpha\Delta X, Y^{\mathrm{L}}+\alpha\Delta Y)$，

$\alpha\in$ [0, 1]。所有 DMU 的区间投入产出可用于构建可变生产可能集 T^*。当 $\alpha=0$ 时，T^* 形成最差生产可能集，而当 $\alpha=1$ 时，T^* 形成最佳生产可能集。使用模型（6-8）来计算可变生产可能集下 DMU 最差生产点的效率。

$$
\begin{aligned}
&\min \theta_d \\
&\sum_{j=1}^{n} X_j\lambda_j \leqslant \theta X_d^{\mathrm{U}}, \\
&\sum_{j=1}^{n} Y_j\lambda_j \geqslant Y_d^{\mathrm{L}}, \\
&\lambda_j \geqslant 0, j = 1, 2, \cdots, n
\end{aligned}
\tag{6-8}
$$

模型（6-8）中，X_d^{U} 和 Y_d^{L} 分别表示被评 DMU 最差生产点的投入和产出；X_j 和 Y_j 分别为 T^* 中第 j 个 DMU 的投入和产出；λ_j 表示与该 DMU 相关的权重。模型（6-8）的最优解 θ_d^* 表示 DMU_d 的效率。使用模型（6-8）计算了五种不同 α 时的 DMU 的效率，结果如表 6-3 所示。

表 6-3　基于可变生产可能集 DMU 效率表

DMU	$\alpha=0$	$\alpha=0.25$	$\alpha=0.5$	$\alpha=0.75$	$\alpha=1$
1	1.00	0.86	0.86	0.75	0.57
2	0.80	0.68	0.68	0.58	0.43
3	0.72	0.61	0.61	0.53	0.39
4	0.83	0.72	0.72	0.63	0.42
A	1.00	0.86	0.86	0.75	0.48
B	0.80	0.69	0.69	0.60	0.45
C	0.50	0.43	0.43	0.38	0.23

表 6-3 显示了基于可变生产可能集下 DMU 最差生产点的效率得分。当 $\alpha=0$ 时，可变生产可能集等于最差生产可能集。如表 6-3 所示，$\alpha=0$ 列中的效率得分与表 6-1 的 $\theta_{gd}^{\mathrm{LL}}$ 列中的得分相匹配。随着 α 的增加，可变生产可能集越来越接近最佳生产可能集。在此过程中，DMU 的效率得分逐渐降低。这一结果表明，随着 α 的增加，将 DMU 优化到可变生产可能集的最佳前沿面的难度逐渐增大。这一现象证明，本书提出最差生产点到最佳生产可能集前沿面的分阶段优化是可行的。

6.3.2　区间资源优化配置模型运算

从表 6-1 中的 $\theta_{cd}^{\mathrm{LL}}$ 和 y^{L} 可以看出，DMU_2、DMU_3、DMU_4 和 $\mathrm{DMU}_{\mathrm{C}}$ 同时满足上述条件 1 和条件 2，因此被归类为组内改进型；而 DMU_1、$\mathrm{DMU}_{\mathrm{A}}$ 和 $\mathrm{DMU}_{\mathrm{B}}$ 被归类为全局改进型。

根据表 6-1 和表 6-2，$\partial(T_{\mathrm{g}}^{\mathrm{L}})$ 的构成点是 DMU_1 和 $\mathrm{DMU}_{\mathrm{A}}$ 的最差生产点，这两个 DMU 不需要进行第一阶段改进；$\partial(T_{\mathrm{g}}^{\mathrm{U}})$ 的构成点是 DMU_1 和 DMU_4 的最佳生产点；$\partial(T_1^{\mathrm{L}})$ 的构

成点是 DMU_1 的最差生产点；$\partial(T_1^U)$ 的构成点是 DMU_1 和 DMU_4 的最佳生产点；$\partial(T_2^L)$ 的构成点是 DMU_A 和 DMU_B 的最差生产点；$\partial(T_2^U)$ 的构成点是 DMU_A 和 DMU_B 的最佳生产点。

根据表 6-1，模型（6-5）的参考点输入值分别为 8 和 10，输出值为 5。通过模型（6-5），计算步骤 4 中获得的每个前沿面的 TE 和相对于全局前沿面的 TG。TE 和 TG 如表 6-4 所示。在表 6-4 中，DMU 表示构成全局前沿面的点，Y 表示它们的产出值，而 Y^* 表示使用 TG 调整后的产出值。

表 6-4　前沿面调整表

组别	前沿面	TE	TG	DMU	Y	Y^*
全局	$\partial(T^L)$	2	1	1	10	10
				A	8	8
	$\partial(T^U)$	2.8	1	1	14	14
				4	13	13
组 1	$\partial(T_1^L)$、$\partial(T_1^{L*})$	2	1	1	10	10
				A	8	8
	$\partial(T_1^U)$、$\partial(T_1^{U*})$	2.8	1	1	14	14
				4	13	13
组 2	$\partial(T_2^L)$、$\partial(T_2^{L*})$	1.8	0.9	1	10	9
				A	8	7.2
	$\partial(T_2^U)$、$\partial(T_2^{U*})$	2.2	0.79	1	14	11
				4	13	10.2

表 6-4 显示了每个前沿面的 TE 和 TG，以及每个前沿面的构成点调整前后的产出值。从表 6-4 可以看出，对于组 1，上界和下界 TG=1，这表明前沿面不需要调整。此外，对于组 1 中的组内改进型 DMU，只需要两个阶段的改进。在表 6-4 中，$\partial(T_1^{L*})$、$\partial(T_1^{U*})$、$\partial(T_2^{L*})$ 和 $\partial(T_2^{U*})$ 表示调整后的边界。全球改进型 DMU 将 $\partial(T^L)$ 和 $\partial(T^U)$ 作为两个阶段的改进目标。对于组 1 中的组内改进型 DMU，$\partial(T_1^{L*})$ 和 $\partial(T_1^{U*})$ 被用作两个阶段的改进目标。对于组 2 中的组内改进型 DMU，$\partial(T_2^{L*})$、$\partial(T_2^{U*})$ 和 $\partial(T_g^U)$ 被用作三个阶段的改进目标。基于上述结果，使用模型(6-5)～模型(6-7)计算所有 DMU 的标杆点。具体结果如表 6-5 所示。

表 6-5　各阶段标杆点表

类型	DMU	阶段	X	X_2	Y
组内改进型	2	1	5	4	10
		2	3.67	4	13.67

续表

类型	DMU	阶段	X	X_2	Y
组内改进型	3	1	4.75	5	9.75
		2	3.33	5	13.33
	4	1	5	4	10
		2	3.67	4	13.67
	C	1	4	7	6.4
		2	3	6	10.21
		3	3	6	13
全局改进型	1	1		跳过	
		2	3.67	4	13.67
	A	1		跳过	
		2	3	6	13
	B	1	5	4	10
		2	3.67	4	13.67

表 6-5 显示了资源分配优化的结果。在表 6-5 中，X 和 X_2 表示每个阶段目标的投入值，而 Y 表示产出值。

6.3.3 与传统方法的对比分析

异质性分组下的传统资源优化配置模型将组前沿面作为 DMU 的改进目标（Muren et al., 2014）。为了与我们的方法相对比，在传统方法的基础上引入了一个额外的阶段，将改进目标设定为 DMU 的全局前沿上界。结果如表 6-6 所示。

表 6-6　传统方法标杆点表

组别	DMU	阶段	X	X_2	Y
组 1	1	1	3.67	4	13.67
		2	3.67	4	13.67
	2	1	4	3	14
		2	4	3	14
	3	1	3.33	5	13.33
		2	3.33	5	13.33
	4	1	3	6	13
		2	3	6	13

续表

组别	DMU	阶段	X	X_2	Y
组 2	A	1	3	7	10
		2	3	6	13
	B	1	3.75	4	10.75
		2	3.67	4	13.67
	C	1	3	7	10
		2	3	6	13

基于表6-5 和表6-6 中的数据，本书从两个角度比较了可达性和改进空间这两种方法。

可达性比较。本书从改进幅度和改进难度两个角度分析可达性。从改进幅度分析，以 DMU_2改进到组内最佳前沿面的过程为例。在传统方法中，在第一阶段，输入 X 需要从 8 提高到 3. 67，输入 X_2需要从 3 提高到 4，输出 Y 需要从 6 提高到 13. 67，这需要输入 X 减少 54%，输出 Y 增加 128%，这表明调整幅度很大，缺乏可达性。使用本节的方法，DMU_2被确定为组内改进型，分两个阶段调整为 $\partial(T_2^{U*})$。在每个阶段的调整过程中，当第一阶段的输出 Y 从 6 调整到 10 时，观察到 DMU_2的最大调整幅度，需要67% 的调整。这表明，相对于传统方法，我们的方法表现出足够的可达性。从改进难度分析，以 DMU_C改进到全局最优的过程为例。传统方法要求输入 X_2减少 2，同时输出 Y 增加 3。在我们的方法中，$\partial(T_2^{U*})$的输入结构与 $\partial(T_g^U)$的输入结构相似。将 DMU_C改进为 $\partial(T_2^{U*})$，然后改进为 $\partial(T_g^U)$后，输出值只需要增加 2. 79。与传统方法相比，我们的方法具有较低的调整难度。

改进空间比较。在传统方法中，一些 DMU 可能会在最后阶段没有改进空间。例如，对于组 1 中的 DMU，传统方法中第一和第二阶段没有改进空间。在本节的方法中，在这个过程中，检测到 $\partial(T_1^U)$ 的技术水平与 $\partial(T_g^U)$ 相同。因此，放弃了第三阶段的改进，分两个阶段完成了资源优化配置。

综上所述，本节提出的方法具有以下优点：①在对 DMU 进行分类后，对不同生产状态的 DMU 设定不同的改进阶段数量。与传统方法相比，该方法减少了每个阶段的调整幅度，从而提高了资源配置优化的可达性。②将调整后的前沿面作为组内改进型 DMU 前两个阶段的改进目标，有助于减少完成最后一个阶段改进的难度。③在资源优化配置的过程中，本研究提出的方法可以识别并去除 DMU 改进方案中没有改进空间的环节。

6.4 不同林区森林碳汇效率改进路径研究

本节对中国 30 个省（自治区、直辖市）的数据进行了计算分析，每个省（自治区、直辖市）都有三个输入输出改为投入产出。具体数据见表 6-7。

表 6-7 中国森林碳汇投入产出表

组别	DMU	资金投入/万元	造林面积/hm^2	职工数量/人	碳汇增量/万 t	组效率	全局效率
东部地区	北京	2 388 438	34 084	9 639	2 823. 74	0. 19	0. 11
	天津	448 385	16 538	704	533. 23	0. 20	0. 16
	河北	1 431 233	520 644	20 426	15 915. 79	0. 20	0. 16
	辽宁	347 031	157 599	26 668	34 465. 17	1. 00	0. 45
	上海	240 345	5 003	1 397	520. 86	0. 24	0. 14
	江苏	731 374	44 366	18 758	8 161. 21	0. 43	0. 22
	浙江	1 423 907	75 527	9 993	32 571. 55	1. 00	0. 67
	福建	1 142 097	214 092	22 038	84 500. 07	1. 00	0. 79
	山东	1 245 878	168 297	19 164	10 613. 82	0. 16	0. 11
中部地区	山西	1 074 677	347 355	23 681	14 972. 05	0. 31	0. 13
	吉林	875 511	102 929	93 018	117 353. 7	1. 00	1. 00
	黑龙江	1 288 251	118 264	238 224	213 984. 3	1. 00	1. 00
	安徽	1 056 938	138 746	17 514	25 703. 67	0. 73	0. 30
	江西	2 288 186	269 354	40 886	58 697. 63	0. 73	0. 33
	河南	1 977 923	196 493	25 367	24 003. 62	0. 47	0. 19
	湖北	3 321 823	473 105	25 502	42 295. 33	0. 80	0. 34
	湖南	907 967	574 543	45 678	47 170. 19	0. 50	0. 24
	广东	128 620	244 726	26 512	54 166. 94	1. 00	1. 00
	广西	1 173 403	220 068	40 967	78 492. 91	1. 00	0. 52
	海南	7 378 570	15 704	8 202	17 771. 95	1. 00	1. 00
西部地区	内蒙古	1 733 035	720 285	93 147	176 911. 5	0. 50	0. 47
	重庆	765 752	275 195	5 586	23 956. 19	0. 88	0. 88
	四川	2 168 729	400 370	53 089	215 600. 3	0. 84	0. 84
	贵州	2 990 078	346 974	21 423	45 394. 37	0. 44	0. 44
	云南	1 127 236	353 812	47 011	228 537. 4	1. 00	1. 00
	陕西	1 141 571	333 451	31 679	55 454. 77	0. 36	0. 36
	甘肃	1 364 271	369 085	39 343	29 181. 96	0. 15	0. 15
	青海	576 211	220 576	20 796	5 635. 23	0. 06	0. 06
	宁夏	295 003	92 254	10 239	967. 5 769	0. 02	0. 02
	新疆	914 730	229 331	17 452	45 439. 09	0. 54	0. 54

6.4.1 数据来源

除碳汇增量数据外，本节使用的数据来源于中国林业和草原统计年鉴和中国统计年鉴。由于中国林业和草原统计年鉴最新数据为 2019 年的林业数据，因此选择了该年的数据进行分析。碳汇增量数据来自国家青藏高原科学数据中心提供的 2019 年中国森林地上和地下植被碳储量数据集。该数据集是通过使用回归和机器学习算法整合高分辨率主动微波遥感、长时间序列被动微波和光学遥感信息而生成的。

本节使用资金投入、造林面积和职工数量作为投入变量，碳汇增量作为产出变量，具体如下。①资金投入：每年林业投资完成额，单位：万元。②造林面积：造林面积，单位：hm^2。③职工数量：林业系统年末从业人员数，单位：人。④碳汇增量：森林碳汇增量，单位：万 t。

表 6-7 为中国森林碳汇的一组投入产出数据，包括各省（自治区、直辖市）的组效率和全局效率。本节将表 6-7 中的数据降低 10% 作为区间数的下限，将其增加 10% 作为区间数的上限，从而获得一组区间数据。其中，如果林业从业人员数量仅调整±10%，可能会出现小数点，因此采用四舍五入使其化为整数。在表 6-7 中，组效率和全局效率分别表示组内和全局 DMU 的效率值。由于数据调整为区间数，每个 DMU 的投入和产出变量都乘以相同的系数，这不会改变它们在 DEA 模型中的效率值。因此，组内和全局效率中 DMU 的最差生产点和最佳生产点将与表 6-7 中的效率值一致。本节考虑了中国全国人民代表大会通过的将中国分为东部、中部和西部三个地区的“第七个五年计划”。东部地区是中国经济最发达的地区。中部地区能源矿产资源丰富，工业基础较好。西部地区拥有丰富的自然资源和巨大的发展潜力。根据上述两个条件和表 6-7 中的数据，可以得出结论，辽宁、浙江、福建、吉林、黑龙江、广东、广西、海南和云南是全局改进型 DMU，其余为组内改进型 DMU。

6.4.2 资源优化配置程序的最终结果

在计算了各个前沿面的技术水平后，西部前沿面和全局前沿面的技术水平是相同的。因此，西部的 DMU 不需要进行资源优化的第三阶段。最终获得的资源优化和分配方案中各阶段的标杆点如表 6-8 和表 6-9 所示。

表 6-8 组内改进型资源优化配置标杆点表

DMU	阶段	资金投入/万元	造林面积/hm^2	职工数量/人	碳汇增量/万 t
北京	1	7 476 403	37 492. 4	10 638. 6	6 885. 91
	2	6 640 713	14 133. 6	7 381. 8	7 228. 15
	3	6 640 713	14 133. 6	7 381. 8	19 549. 14

续表

DMU	阶段	资金投入/万元	造林面积/hm^2	职工数量/人	碳汇增量/万 t
天津	1	8 116 427	17 274.4	9 022.2	5 913.95
	2	6 597 280	14 865.01	9 022.2	7 860.5
	3	6 617 559.52	14 865.01	7 440.28	19 691.2
河北	1	1 574 356.3	223 934.9	25 544.43	15 849.03
	2	1 574 356.3	171 930.8	25 544.43	20 593.46
	3	1 574 356.3	174 177.07	20 177.06	50 634.26
上海	1	8 116 427	17 274.4	9 022.2	5 913.95
	2	6 640 713	14 133.6	7 381.8	7 228.16
	3	6 640 713	14 133.6	7 381.8	19 549.14
江苏	1	804 511.4	248 253.9	27 488.7	17 018.15
	2	804 511.4	198 496.1	22 121.33	20 468.12
	3	804 511.4	198 496.1	22 121.33	55 357.72
山东	1	1 370 466	230 375.7	26 059.36	16 158.66
	2	1 370 466	178 371.5	26 059.36	21 056.01
	3	1 370 466	180 617.9	20 691.99	51 885.25
山西	1	1 182 145.7	236 324.6	26 534.97	38 839.01
	2	1 182 145.7	186 566.8	21 167.6	49 663.12
	3	1 182 144.7	186 566.8	21 167.6	53 040.72
安徽	1	1 162 632	236 941	26 584.25	38 909
	2	1 162 632	184 936.9	26 584.25	54 515.3
	3	1 162 632	184 936.9	26 584.25	58 222.9
江西	1	2 517 004.6	193 813.8	44 974.6	52 827.87
	2	2 517 004.6	133 024.9	44 974.6	65 996.42
	3	2 517 004.6	133 024.88	44 974.6	70 484.84
河南	1	2 175 715.3	203 315.3	27 903.7	37 413.56
	2	2 175 715.3	155 180.5	18 658.31	43 955.17
	3	2 175 715.3	155 180.5	18 658.31	46 944.57
湖北	1	3 654 005.3	159 955.5	28 052.2	38 065.79
	2	3 654 005.3	102 988.1	28 052.2	47 055.73
	3	3 654 005.3	102 988.1	28 052.2	50 256
湖南	1	998 763.7	239 873.5	32 360.07	42 453.17
	2	998 763.7	192 359.7	21 630.74	50 716.62
	3	998 763.7	192 359.7	21 630.74	54 165.87

续表

DMU	阶段	资金投入/万元	造林面积/hm^2	职工数量/人	碳汇增量/万 t
内蒙古	1	1 906 339	258 889. 2	102 461. 7	159 220. 39
	2	1 906 339	153 413. 6	102 461. 7	159 220. 39
重庆	1	842 327. 2	247 059. 3	27 393. 19	45 871. 66
	2	842 327. 2	195 055. 2	27 393. 19	60 188. 16
四川	1	1 649 057	356 179. 4	58 397. 9	194 040. 3
	2	1 649 057	237 623. 3	58 397. 9	194 040. 3
贵州	1	3 289 086	172 815. 4	23 565. 3	40 854. 93
	2	3 289 086	116 779. 3	23 565. 3	47 393. 73
陕西	1	1 255 728	230 864. 4	34 846. 9	49 909. 29
	2	1 255 728	178 439. 6	34 846. 9	65 666. 72
甘肃	1	1 500 698	226 261. 7	25 730. 45	43 167. 54
	2	1 500 698	176 503. 9	20 363. 09	51 086. 2
青海	1	633 832. 1	253 645. 5	27 919. 75	46 728. 02
	2	633 832. 1	203 887. 7	22 552. 39	56 404. 94
宁夏	1	6 569 636	66 136. 68	12 928. 67	22 347. 89
	2	6 569 636	15 330. 52	10 066. 25	22 347. 89
新疆	1	1 006 203	241 882. 5	26 979. 32	45 198. 58
	2	1 006 203	189 878. 4	26 979. 32	59 182. 68

表 6-9　全局改进型资源优化配置标杆点

DMU	阶段	投入资金/万元	造林面积/hm^2	职工数量/人	碳汇增量/万 t
辽宁	1	381 734. 1	260 263. 9	29 334. 8	48 386. 74
	2	381 734. 1	209 279. 3	29 334. 8	63 748. 32
浙江	1	5 984 238	89 000. 45	15 122. 7	29 314. 39
	2	5 984 238	32 325. 5	15 122. 7	29 314. 39
福建	1	1 256 307	264 527. 7	31 347. 94	76 050. 06
	2	1 256 307	190 296	31 347. 94	76 050. 06
吉林	1	跳过			
	2	963 062. 1	113 221. 9	102 319. 8	139 393. 9
黑龙江	1	跳过			
	2	1 417 076	130 090. 4	158 165. 7	192 585. 9
广东	1	跳过			
	2	141 482	217 448. 1	28 557. 19	63 916. 68

续表

DMU	阶段	投入资金/万元	造林面积/hm^2	职工数量/人	碳汇增量/万 t
广西	1	1 290 743	242 074. 8	45 063. 7	70 905. 85
	2	1 290 743	173 020. 6	45 063. 7	75 171. 69
海南	1	跳过			
	2	6 523 477	17 274. 4	9 022. 2	21 536. 4
云南	1	跳过			
	2	1 239 959. 6	266 263. 2	51 712. 1	205 683. 67

表 6-8 和表 6-9 分别显示了组内改进型 DMU 和全局改进型 DMU 的标杆点。例如，在表 6-8 中，北京第一阶段的标杆点为 7 476 403 万元、37 492. 4hm^2 和 10 638. 6 人的投入。目标是提高生产经营技术，实现森林碳汇增量 6885. 91 万 t。第二阶段，投入标杆为 6 640 713万元、14 133. 6hm^2 和 7381. 8 人，产出目标为森林碳汇增量 7228. 15 万 t。表 6-9 遵循类似的格式，关键区别在于存在“跳过”。例如，在吉林，“跳过”表示吉林不需要进行第一阶段优化，直接进入第二阶段优化。

在表 6-8 中，北京和上海是中国的一线城市，城市化水平高，经济高度发达。然而，其造林面积很小。城市化建设占用大量土地，不利于森林碳汇的发展。在结果中，它们被归类为组内改进型。最终资源优化配置程序的过程表明，北京和上海需要做出大幅度改进，以实现其改进目标。例如，在北京，三项投入都需要提高，调整投入后需要大幅增加森林碳汇增量，特别是在调整林业投资的第一阶段，需要将林业投资额增加一倍以上。

在表 6-9 中，辽宁、浙江、福建、吉林、黑龙江、广东、广西、海南和云南被归类为全局改进型。这些省（自治区、直辖市）的森林覆盖率均跻身全国前 20 名，拥有利于森林碳汇发展的良好自然条件，特别是黑龙江和云南，不仅森林覆盖率高，造林面积也位居全国前三。在最终结果中，其最差生产点位于全局前沿面下界。因此，这两个 DMU 不需要进行第一阶段改进，只需要在第二阶段进行改进。

通过比较表 6-8 和表 6-9，对于宁夏、青海和甘肃等西部地区的 DMU，森林覆盖率和造林面积都很低。在西部地区，云南拥有非常有利的自然条件，甚至可能只需要一个阶段的改进就能实现最终目标。云南提高了整个西部的技术水平，使西部前沿面和全局前沿面的技术水平相同。西部的组内改进型 DMU 只需要经历两个阶段改进，这导致宁夏、青海和甘肃等自然条件较差的 DMU 需要进行大量改进才能实现最终目标。例如，宁夏在改进的第一阶段，森林碳汇产量需要从 870. 82 万 t 提高到 22 347. 89 万 t。这也是本节方法论中的一个缺陷。

6.5 本章小结

DEA 模型在实数领域的资源优化配置中得到了广泛的应用。学者使用生产可能集的前沿面作为优化过程的标杆面，以确保结果的最优性。然而，在分析区间数据时，生产可能集是可变的。使用实数 DEA 模型处理区间数据时选择标杆面变得非常困难，因此很难提供有意义的改进方案。基于区间数据构建资源优化配置模型的第一个问题是如何选择合适的标杆面，第二个问题是提高优化方案的可达性。

为了解决上述问题，本章提出了异质性分组下的分阶段资源优化配置程序。在这个程序中，基于最差最佳生产状况设定标杆面，提出了一种多阶段改进方案。该方法为决策者提供具备多个标杆点的多阶段改进策略，与直接针对最佳前沿面相比，该方法得出的结果更具备可达性。此外，本章使用 Meta-frontier 法来解决异质性问题，并改进标杆点计算模型，确保程序满足森林碳汇项目决策者的需求。

该方法在用于分析中国各省（自治区、直辖市）森林碳汇时被证明是有效的。具体而言，它允许分配实现最佳目标所需做出的改进。分配的方法基于最差和最佳情况下区间数据生成的各种前沿面。并且，通过对决策单元的分类，基于 DMU 的效率灵活调整改进方案的阶段数量。例如，某些组内改进型 DMU 需要通过三个改进阶段实现最终目标，而同一组内的其他 DMU 可能只需要两个阶段。一些全局改进型 DMU 甚至可以在一个阶段实现最终目标。

本章的理论意义在于，本章将实数资源优化配置模型扩展到区间数据。本章的实践意义在于，该方法适用于需要考虑区间数据和异质性分析的行业。然而，本章仍存在以下局限性：①我们的方法没有提供动态调整计划。②本章仅考虑区间 DEA 中的最佳生产可能集和最差生产可能集，而不讨论两者之间的情况。

第7章 森林碳汇多维度交叉效率评价及空间分布研究

7.1 森林碳汇发展综合效益评价的必要性

森林具有系统多功能性，通过造林以及经营抚育不仅可以增加森林碳汇，还会间接实现“经济+生态+社会”多重效益。其中，经济方面可以通过碳汇增量交易实现经济价值；生态方面可以保护生物多样性和改善环境承载力；社会方面可以增加林农就业机会，促进当地经济社会的可持续发展。综合直接产生的森林碳汇量与其间接产生的生态、经济以及社会效益是碳汇效益评价的重要方式。

当前学者主要从微观、中观、宏观多个层次展开森林碳汇的研究，涉及效率测度及评价、投入产出指标体系选取、影响因素分析等几方面。近年来，越来越多的研究侧重于森林发展中具体的效率问题。例如，Yin 等（2022）利用数据包络分析中的 Malmquist 方法，研究了中国省级森林碳汇效率的动态变化及其影响因素，发现中国目前在林业投入、人力资源、经济发展水平和森林投入产出效率等方面存在不足。在统计研究中，指标体系的全面性和层次结构的合理性直接影响评价结果的好坏。确立指标体系是评价森林碳汇的核心环节。曾维忠等（2018）为了增加森林碳汇扶贫透明度，提高森林碳汇扶贫绩效，考虑森林碳汇与扶贫绩效间的联系，从经济效益、发展能力和发展机会等三个维度出发，构建了一套科学的森林碳汇扶贫绩效评价指标体系，该体系能够运用于不同时空条件下的森林碳汇扶贫绩效跟踪评价。为推进城市低碳化转型，响应国家气候战略部署，李怒云等（2016）创造性地提出人均碳汇碳源比指标，创建了碳汇城市评价指标体系，改善生态环境、建设生态文明、促进绿色低碳可持续发展。在国际社会承认森林生态作用的同时，如果要建立一个准确的指标体系，就必须在评估森林相关效益时考虑生态效益、经济效益和社会效益。因此，这些研究都证明了对森林碳汇发展综合效益评价的重要性。

7.2 多维交叉效率评价的基础模型

7.2.1 不同视角下交叉效率评价模型

假设有 n 个 DMU，每个 DMU 有 m 个输入和 s 个输出，其分别记为向量 $X_j=(x_{1j}, x_{2j}, \cdots, x_{mj})^{\mathrm{T}}$ 和 $Y_j=(y_{1j}, y_{2j}, \cdots, y_{sj})^{\mathrm{T}}$，可以建立一个自评效率的 CCR 模型：

$$\max \theta_k = \sum_{r=1}^{s} \mu_r y_{rk}$$

$$\text{s.t.} \begin{cases} \sum_{i=1}^{m} v_i x_{ik} = 1 \\ \sum_{r=1}^{s} u_r y_{rk} - \sum_{i=1}^{m} v_i x_{ik} \leqslant 0, j = 1, 2, \cdots, n \\ u_r \geqslant 0, v_i \geqslant 0, r = 1, \cdots, s, i = 1, \cdots, m \end{cases} \tag{7-1}$$

式中，如果 $v_i(i=1, \cdots, m)$ 和 $u_r(r=1, \cdots, s)$ 分别为输入和输出权重，并且 $\hat{v}_i(i=1, \cdots, m)$ 和 $\hat{u}_r$（$r=1, \cdots, s$）是上述 CCR 模型的最优解，那么 $\hat{\theta}_k = \sum_{r=1}^{s} \hat{u}_r y_{rk}$ 是 DMU_k 的自评效率，这是通过自我评价得到的 DMU_k 的最佳相对效率。

交叉效率 DEA 方法采用基于次要目标的自我评价模型和同行评价模型，采用以下公式（Sexton et al.，1986）：

$$\theta_{kj} = \sum_{r=1}^{s} \hat{u}_{rj} y_{rk} / \sum_{r=1}^{m} \hat{v}_{ij} x_{ij}, k, j = 1, 2, \cdots, n \tag{7-2}$$

式中，θ_{kj} 为 DMU_j 的交叉效率值，反映了 DMU_j 对 DMU_k（$j=1, \cdots, n, j \neq k$）的同行评价；$\hat{u}_{rj}$ 和 $\hat{v}_{ij}$ 为基于模型（7-1）的 DMU_j 的最优权重解；当 $j=k$ 时，$\theta_{kk}=\hat{\theta}_k$。交叉效率矩阵由所有 θ_{kj} 组成，记为 $E(\theta_{ij})$，通过集结得到的交叉效率向量为 $V=(\vartheta_1, \cdots, \vartheta_n)$，其中 $\vartheta_i = \sum_{j=1}^{n} w_j \theta_{ij}$。

为了解决传统 DEA 方法中最优效率值可能不唯一的问题，学者陆续提出了激进型、仁慈型（Doyle and Green，1994）和中立型（Wang and Chin，2010a）交叉效率模型，其如模型（7-3）~模型（7-5）所示：

$$\min \sum_{r=1}^{s} u_{rk} \left(\sum_{j=1, j \neq k}^{n} y_{rj} \right)$$

$$\text{s.t.} \begin{cases} \sum_{i=1}^{m} \omega_{ik} \left(\sum_{j=1, j \neq k}^{n} X_{ij} \right) = 1, \\ \sum_{r=1}^{s} u_{rk} y_{rk} - \theta_{kk}^{*} \sum_{i=1}^{m} v_{ik} x_{ik} = 0, \\ \sum_{r=1}^{s} u_{rk} y_{rj} - \sum_{i=1}^{m} v_{ik} x_{ij} \leqslant 0, j = 1, \cdots, n; j \neq k, \\ u_{rk} \geqslant 0, v_{ik} \geqslant 0, r = 1, \cdots, s, i = 1, \cdots, m \end{cases} \tag{7-3}$$

$$\max \sum_{r=1}^{s} u_{rk} \left(\sum_{j=1, j \neq k}^{n} y_{rj} \right)$$

$$\text{s.t.}\begin{cases}\sum_{i=1}^{m} v_{ik}\left(\sum_{j=1,j\neq k}^{n} X_{ij}\right)=1,\\ \sum_{r=1}^{s} u_{rk}y_{rk}-\theta_{kk}^{*}\sum_{i=1}^{m} v_{ik}x_{ik}=0,\\ \sum_{r=1}^{s} u_{rk}y_{rj}-\sum_{i=1}^{m} v_{ik}x_{ij}\leqslant 0, j=1,\cdots,n; j\neq k,\\ u_{rk}\geqslant 0, v_{ik}\geqslant 0, r=1,\cdots,s, i=1,\cdots,m\end{cases} \tag{7-4}$$

$$\max \delta$$

$$\text{s.t.}\begin{cases}\sum_{i=1}^{m} v_{ik}x_{ik}=1,\\ \sum_{r=1}^{s} u_{rk}y_{rk}=\theta_{kk}^{*},\\ \sum_{r=1}^{s} u_{rk}y_{rj}-\sum_{i=1}^{m} v_{ik}x_{ij}\leqslant 0, j=1,\cdots,n; j\neq k,\\ u_{rk}y_{rk}-\delta\geqslant 0, r=1,\cdots s,\\ u_{rk}\geqslant 0, v_{ik}\geqslant 0, r=1,\cdots,s, i=1,\cdots,m\end{cases} \tag{7-5}$$

7.2.2 基于信息条件熵的交叉效率矩阵集结方法

1. 信息熵概念

在管理学中，熵主要表示所获得的信息量。Shannon 提出的信息熵方法作为信息测量的重要工具，解决了信息的量化问题。

信息系统可以被表示为 IS=（U, $A=B\cup G$, V, f），其中 $U=\{x_1, x_2, \cdots, x_n\}$ 是对象的非空有限集合；$A=B\cup G$ 是属性的非空有限集，B 是条件属性集，G 是决策属性；$V=\bigcup_{a\in A} V_a$，其中 V_a 是 a 的值集，$a\in A$；f: $U\times A\rightarrow V_a$ 是一个信息函数，并且 x 在属性 a 上的值为 $f(x, a)\in V_a$，$\forall x\in U$。

假设存在信息系统 IS=（U, $A=B\cup G$, V, f），令 $Q\subseteq B$，其中 Q 是条件属性集 B 的子集，U 在 Q 下的标量为 $U/Q=\{X_1, X_2, \cdots, X_n\}$，则 Q 的信息熵（Beaubouef et al., 1998）为

$$H(Q)=-\sum_{i=1}^{k} f(X_i)\log_2 f(X_i) \tag{7-6}$$

在信息系统 IS=（U, $A=B\cup G$, V, f）中，U 在条件属性 Q 和决策属性 G 下的标量分别为 $U/Q=\{X_1, X_2, \cdots, X_n\}$ 和 $U/G=\{g_1, g_2, \cdots, g_n\}$（Dai et al., 2013），则 Q 关于决策属性 G 的条件熵为

$$H(G\mid Q)=-\sum_{i=1}^{k} f(X_i)\sum_{j=1}^{n}\frac{f(X_i\cap g_j)}{f(X_i)}\log\frac{f(X_i\cap g_j)}{f(X_i)} \tag{7-7}$$

因此，定义交叉效率信息熵如下。

定义7-1：假设交叉效率信息系统 $IS=(U, A=B\cup G, V, f)$，令 $Q\subseteq B$，其中，Q 是条件属性集 B 的子集，$E_{kj}(j=1, 2, \cdots, n)$ 表示DMU_k 评价$DMU_j(j=1, 2, \cdots, n)$的交叉效率得分；U 在 Q 下的标量为 $U/Q=\{E_{k1}, E_{k2}, \cdots, E_{kn}\}$。则定义$DMU_k$ 的信息熵为

$$H(DMU_k)=-\sum_{j=1}^{n}P(E_{kj},E_{jj})\log_2P(E_{kj},E_{jj}) \tag{7-8}$$

式中，$P(E_{kj}, E_{jj})=\dfrac{d(E_{kj}, E_{jj})}{d_j}$，其中，$d_j=\sum_{i=1}^{n}d(E_{kj}, E_{jj})$，$d(E_{kj}, E_{jj})$为 E_{kj}和 E_{jj}之间的绝对距离，即 $d(E_{kj}, E_{jj})=|E_{kj}-E_{jj}|$；$P(E_{kj}, E_{jj})\log_2P(E_{kj}, E_{jj})$为$DMU_k$ 评价DMU_j 时来自DMU_j 自我评价的不确定性。显然，$H(DMU_k)$越高，DMU_k 提供的信息量越大，其评价作用就越大，从而评价权重就越大。

信息熵方法仅考虑了DMU_k 对DMU_j 评价的结果，没有从全局的角度来分析DMU_k 对DMU_j 的评价结果的客观性。因此，必须将DMU_k 对DMU_j 的评价效率与其他 DMU 对DMU_j 的评价效率进行比较，即利用如下公式：

$$P(E_{kj},E_{ij})(i=1,2,\cdots,n) \tag{7-9}$$

显然，$P(E_{kj}, E_{ij})$ 越大，说明DMU_k 对DMU_j 和其他 DMU 对DMU_j 进行评价得到的交叉效率之间的距离越大，从而DMU_k 对DMU_j 的评价就更有价值。

在交叉效率矩阵的集结过程中，需要从全局的角度同时考虑DMU_k 对DMU_j 的评价结果分别与DMU_j 的自评结果、其他 DMU 对DMU_j 的同行评价结果之间的关系。这两种关系可以同时用条件熵理论来定义，基于式（7-10）引入式（7-11），定义交叉效率条件熵如下。

定义7-2：给定交叉效率信息系统 $IS=(U, A=B\cup G, V, f)$，U 在条件属性 Q 和决策属性 G 下的标量分别为 $U/Q=\{E_{k1}, E_{k2}, \cdots, E_{kn}\}$ 和 $U/G=\{E_{1j}, E_{2j}, \cdots, E_{nj}\}(j=1, 2, \cdots, n)$。定义 DMU_k 关于决策属性 G 的条件熵如下：

$$H(G|DMU_k)=-\sum_{j=1}^{n}P(E_{kj},E_{jj})\sum_{i=1}^{n}P(E_{kj},E_{ij})\log_2P(E_{kj},E_{ij}) \tag{7-10}$$

式中，$P(E_{kj}, E_{ij})\log_2P(E_{kj}, E_{ij})$为$DMU_k$ 评价DMU_j 时来自DMU_i 对DMU_j 进行同行评价的不确定性影响；$P(E_{kj}, E_{jj})$为DMU_k 评价DMU_j 时来自DMU_j 自我评价的不确定性影响。在交叉效率矩阵中，U/Q 代表所有 DMU 对DMU_j 的交叉评价效率值，与矩阵的各列相对应。同样地，U/G 代表DMU_k 对所有 DMU 的交叉评价效率值，与矩阵的各行相对应。

DMU_k 的条件熵解释了当DMU_k 评价DMU_j 时，DMU_j 进行自我评价时的不确定性以及DMU_i 对DMU_j 进行同行评价的不确定性影响。由于其他 DMU 对DMU_j 进行同行评价的不确定性影响是新增加的信息，它会增加系统的不确定性。因此，式（7-10）可以从全局角度更准确地测量DMU_k 对DMU_j 进行评价的结果的混乱程度，并且可以确定DMU_k 评价的重要性。

进一步地，在 Shannon 提出的信息熵基础上，Hu 等（2010）从序关系视角阐述条件和决策属性的协调，提出了基于序关系的条件熵，结合交叉效率评价过程，本书进一步提出基于序关系的交叉效率条件熵。

定义 7-3：$S=(U, C, D)$是一个决策信息系统(DIS)，$U=\{DMU_1, \cdots, DMU_n\}$是一个由效率描述的序数分类样本集。$C$ 是决策属性集，包括所有 DMU 的交叉效率向量，因此 C 可以是交叉效率矩阵的列向量，$D=(\theta_1, \cdots, \theta_n)$是条件属性集，包括所有 DMU 的自评效率。

定义 7-4：给定一个 C，$\forall DMU \in U$，$E_i \subseteq C$，$E_i=\{\theta_{ij} | (j=1, \cdots, n)\}$，描述的序数分类样本集 $U=\{DMU_1, \cdots, DMU_n\}$可以与以下集合相关联。

$$[DMU]_{\theta_{ii}}^{\geqslant}=\{DMU_j \in U | DMU_j \geqslant_{\theta_{ii}} DMU_i, j=1, \cdots, n\} \tag{7-11}$$

$$[DMU]_{\theta_{ik}}^{\geqslant}=\{DMU_j \in U | DMU_j \geqslant_{\theta_{ik}} DMU_k, j=1, \cdots, n\} \tag{7-12}$$

$$[DMU]_{\theta_i}^{\geqslant}=\{DMU_j \in U | DMU_j \geqslant_{\theta_i} DMU_i, j=1, \cdots, n\} \tag{7-13}$$

式中，$DMU_j \geqslant_{\theta_{ii}} DMU_i \Rightarrow \theta_{ij} \geqslant \theta_{ii}$，$DMU_j \geqslant_{\theta_{ik}} DMU_k \Rightarrow \theta_{ij} \geqslant \theta_{ik}$，并且$DMU_j \geqslant_{\theta_i} DMU \Rightarrow \theta_j \geqslant \theta_i$。

在定义 7-4 中，式（7-11）表示集合 $\{\theta_{i1}, \cdots, \theta_{in}\}$ 中DMU_i 自我评价结果的上升顺序（这是DMU_i 同行评价的结果），式（7-12）表示集合 $\{\theta_{i1}, \cdots, \theta_{in}\}$ 中DMU_i 对DMU_k 的同行评价的上升顺序。式（7-13）表示集合 $\{\theta_1, \cdots, \theta_n\}$ 中自我评价的上升顺序（这是所有 DMU 自我评价的结果）。

现有的交叉效率集结方法存在两个局限性：①现有文献只考虑了自我评价与交叉评价之间的相似关系，而忽略了自我评价的最优权重信息。②如果 DMU 之间的同行评价相同，但自评效率差异很大，那么分配相同的权重是不合理的。为了解决这一局限性，我们首先考虑交叉评价模型的机制。交叉评价包括自我评价和同行评价两个过程。第一个过程是第二个过程的前提，其结果（自我评价的最佳权重信息）直接影响第二个过程的结果（交叉效率）。因此，基于定义 7-3，将条件属性作为计算决策属性条件熵的前提。在本研究中，不确定信息被用来确定熵值，并通过熵值分配权重，克服了从顺序关系中获得信息从而直接加权所带来的影响。根据 Hu 等（2010）提出的有序条件熵理论，通过将上升顺序信息与评价结果相结合定义有序条件熵交叉效率（OCE），具体如下。

定义 7-5：$U=\{DMU_1, \cdots, DMU_n\}$是一组用交叉效率或自我评价效率描述的样本，$DMU_i(i=1, \cdots, n)$的 OCE 定义为

$$RH_{E_i\ \theta_i}^{\geqslant}(DMU_i)=-\frac{1}{|U|}\sum_{k=1}^{n}\log\frac{|[DMU]_{\theta_{ik}}^{\geqslant} \cap [DMU]_{\theta_{ii}}^{\geqslant}|}{[DMU]_{\theta_i}^{\geqslant}} \tag{7-14}$$

注释 7-1：①充分考虑交叉评价模型的机制，定义了一个交叉决策信息系统，以自我评价为条件属性集，交叉评价为决策属性集（定义 7-3）；②根据效率值定义了不同运算符（定义 7-4）；③通过定义交叉条件熵来描述一致性和协调性（定义 7-5）。

2. 交叉效率集结方法

1）基于条件信息熵的交叉效率集结

交叉效率条件熵描述了 DMU 进行交叉评价时的重要程度，交叉效率条件熵越高，DMU 的评价越重要。因此，决策者对交叉效率条件熵越高的决策单元更为偏好，根据决策者对不同 DMU 的偏好程度，从而构建模糊偏好矩阵（黄衍等，2020）。因此，有如下定义。

定义 7-6：设 $U=\{DMU_1, DMU_2, \cdots, DMU_n\}$为 DMU 的集合，$H_s$ 是 DMU 的条件熵

集合。将 DMU 的条件熵按从小到大的顺序对 DMU 进行重新排序，得到有序条件熵集合 $H_s^* = H(\mathrm{DMU}_1^*, \mathrm{DMU}_2^*, \cdots, \mathrm{DMU}_n^*)$，则决策者相较于$\mathrm{DMU}_i$ 对DMU_j 的模糊偏好程度可表示为

$$p_{ij}^* = \frac{1}{2}\left[1 + \frac{\sum_{t=1}^{j} H(\mathrm{DMU}_t^*) - \sum_{t=1}^{i} H(\mathrm{DMU}_t^*)}{n-1}\right] \tag{7-15}$$

式中，DMU_t^* 为将 H_s 按从小到大排列后，条件熵能排在第 t 位的 DMU，DMU_t^* 的角标 t 表示该 DMU 所处的位置。由式（7-15）生成的模糊偏好矩阵是模糊一致性偏好矩阵。

将基于式（7-15）生成的模糊一致性偏好矩阵集结后可以得到 DMU 的权重，决策者根据这些权重对 DMU 进行排序。在模糊一致性偏好矩阵集结方法的研究中，徐泽水（2001）提出了最小方差方法，如下所示：

$$\psi_i = \frac{\sum_{j=1}^{n} p_{ji}^* + \frac{n}{2} - 1}{n(n-1)}, i = 1,2,\cdots,n \tag{7-16}$$

因此，DMU_j 的最终交叉效率可以集结如下：

$$E_j = \sum_{i=1}^{n} \psi_i E_{ij}, j = 1,2,\cdots,n \tag{7-17}$$

运用式（7-16）对模糊一致性偏好矩阵P^*进行集结，从而获得所有 DMU 的权重 $\psi = (\psi_1, \psi_2, \cdots, \psi_n)$，再利用式(7-17)计算得到所有 DMU 的最终交叉效率 $E_j = (E_1, E_2, \cdots, E_n)$。

基于交叉效率矩阵构造模糊一致性矩阵具有一定的客观性，而模糊偏好的一致性以及 DMU 权重分配所带来的排序结果的置换不变性和强保序性能够使决策结果更为合理和稳定。

2）基于序关系的交叉效率集结

在式（7-14）中，条件属性可以通过考虑自我评价在同行评价中的上升顺序熵信息（见对数分母）来提供有关自我评价权重的熵信息。决策属性可以通过考虑自我评价在所有同行评价中的上升顺序熵信息，提供有关自我评价对交叉评价影响的熵信息（见对数分子）。式（7-14）计算出的数值表明，如果自我评价值的上升顺序接近同行评价的上升顺序，那么自我评价和交叉评价的结果越一致。实质上，OCE-交叉效率集结法描述了交叉评价和自我评价之间的一致性程度。该值越小，一致性就越好，对于交叉效率条件熵排名低的 DMU，可以分配更多权重，公式为

$$w_{\mathrm{DMU}_i} = \frac{1 - \mathrm{RH}_{E_i|\theta_i}^{\geqslant}(\mathrm{DMU}_i)}{\sum_{j=1}^{n}(1 - \mathrm{RH}_{E_i|\theta_i}^{\geqslant}(\mathrm{DMU}_j))} \tag{7-18}$$

根据以上一系列定义，OCE-交叉效率集结法步骤如下。

步骤 1：根据定义 7-5，由式(7-14)可求得 $\mathrm{RH}_{E_i|\theta_i}^{\geqslant}(\mathrm{DMU}_i)$，$E(\theta_{ij}) = \{E_1, \cdots, E_n\}$和 $E_i = \{\theta_{i1}, \cdots, \theta_{in}\}$ $(i=1, \cdots, n)$，其中 E_i 是交叉效率矩阵 E（θ_{ij}）中的第 i 个列向量。

步骤 2：使用式（7-18）计算DMU_s 权重，最后在交叉效率矩阵中根据式（7-19）集结得到交叉效率向量。

$$\vartheta_j = \sum_{i=1}^{n} \theta_{ij} w_{\mathrm{DMU}_i} \tag{7-19}$$

7.2.3 ER 融合方法

证据推理（ER）是一种将效用理论与多属性信息融合相结合的推理方法，适用于不确定环境。该方法具有良好的扩展性，可以应用于多个领域，包括使用精确值、区间值或直觉模糊值的场景。通过分布式建模，构建了第 l 个评价对象中第 r 个指标的分布式置信度：

$$S(C_r(B_l))=\{(H_z,\beta_{z,r}(B_l)),z=1,\cdots,N\} \tag{7-20}$$

式中，$\beta_{n,r}(B_l)$代表评价对象 B_l 的指标 C_r 在评价等级 H_n 中的置信度。随后，通过式(7-21)～式(7-24)将置信度转换为概率分布：

$$m_{z,r}=m(H_z)=\omega_r^*\beta_{z,r}(B_l),z=1,2,\cdots,N;r=1,2,\cdots,s \tag{7-21}$$

$$m_{H,r} = m_r(H) = 1 - \sum_{z=1}^{N} m_{z,r} = 1 - \omega_r^* \sum_{n=1}^{N} \beta_{z,r}(B_l),r = 1,\cdots,s \tag{7-22}$$

$$\bar{m}_{H,r}=\bar{m}_r(H)=1-\omega_r^*,r=1,2,\cdots,s \tag{7-23}$$

$$\tilde{m}_{H,r} = \tilde{m}_r(H) = \omega_r^* \left(1 - \sum_{n=1}^{N} \beta_{n,r}(B_l)\right),r = 1,2,\cdots,s \tag{7-24}$$

式中，$m_{z,r}$为指标在评价等级 H_z 的概率；$\bar{m}_{H,r}$为由指标权重引起的不确定性概率。

指标合成过程如下：

$$m_z = k\left[\prod_{r=1}^{s}(m_{z,r} + \bar{m}_{H,r} + \tilde{m}_{H,r}) - \prod_{r=1}^{s}(\bar{m}_{H,r} + \tilde{m}_{H,r})\right] \tag{7-25}$$

$$\tilde{m}_H = k\left[\prod_{r=1}^{s}(\bar{m}_{H,r} + \tilde{m}_{H,r}) - \prod_{r=1}^{s}\bar{m}_{H,r}\right] \tag{7-26}$$

$$\bar{m}_H = k\prod_{r=1}^{s}\bar{m}_{H,r} \tag{7-27}$$

$$k = \left[\sum_{n=1}^{N}\prod_{r=1}^{s}(m_{n,r} + \bar{m}_{H,r} + \tilde{m}_{H,r}) - (N - 1)\prod_{r=1}^{s}(\bar{m}_{H,r} + \tilde{m}_{H,r})\right]^{-1} \tag{7-28}$$

因此，整体的分布式置信度可以通过基本分布概率进行综合计算，表达式如下：

$$\beta_z(B_l)=\frac{m_z}{1-\bar{m}_H},z=1,\cdots,N \tag{7-29}$$

合成后的不确定部分表示为

$$\beta_H(B_l)=\frac{\tilde{m}_z}{1-\bar{m}_H} \tag{7-30}$$

假设 u（H_z）是指标在评价等级 H_n 的效用值，则综合指标的最大值、最小值和平均值分别为

$$u_{\max}(B_l) = [\beta_N(B_l) + \beta_H(B_l)]u(H_z) + \sum_{z=1}^{N-1}\beta_N(B_l)u(H_z) \tag{7-31}$$

$$u_{\min}(B_l) = \sum_{z=2}^{N}\beta_N(B_l)u(H_z) + [\beta_1(B_l) + \beta_H(B_l)]u(H_1) \tag{7-32}$$

$$u_{\text{avg}}(B_l)=\frac{u_{\max}(B_l)+u_{\min}(B_l)}{2} \tag{7-33}$$

为了更好地说明证据推理融合方法的过程，在图 7-1 中展示了该方法的流程图。

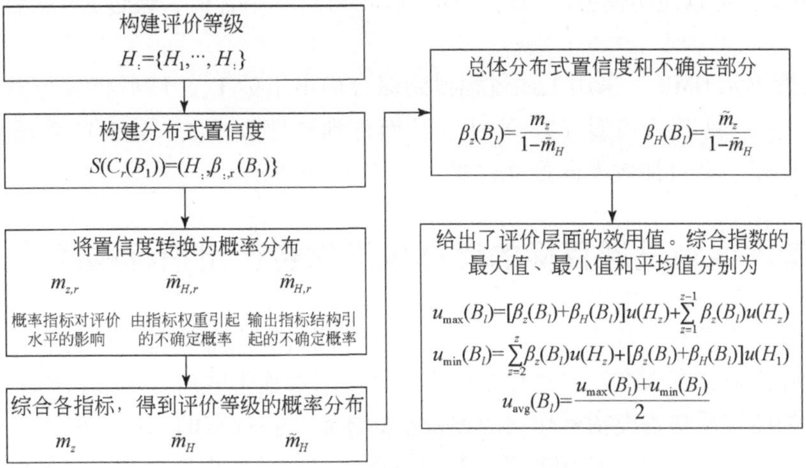

图 7-1　证据推理融合过程

7.3　森林碳汇绿色发展多维交叉评价模型

7.3.1　基于 ER 融合的自评效率

ER 是一种不确定性推理方法，能够有效处理具有主观不确定性以及定性和定量指标共存的多属性决策问题（Zhang and Wang，2021）。我们首先考虑一个包含 m 个输入指标 $X_j=(x_{1j},\ x_{2j},\ \cdots,\ x_{mj})^{\mathrm{T}}$ 和多级输出指标的指标系统。

在计算各 DMU 的自评效率之前，基于 ER 融合方法，将多级输出指标进行融合，为每个 DMU 生成一个输出指标 Y_j（$j=1,\ \cdots,\ n$）（叶菲菲等，2020）。

如 7.2.3 节所述，评价等级 H_z 的构造如下：

$$H_z=\{H_1,H_2,H_3,H_4,H_5,H_6\}=\{\text{非常差},\text{差},\text{中等},\text{好},\text{很好},\text{非常好}\}$$

首先，对 n 个决策单元 $B_l(l=1,\ \cdots,\ n)$ 的指标信息进行融合。每个决策单元的输出指标由 c 个指标 $C_r=(r=1,\ 2,\ \cdots,\ c)$ 综合而成，每个指标有 6 个评价等级 $H_z=(z=1,\ \cdots,\ 6)$。假设第 r 个森林资源指标的平均权重为 $\omega_r^*=\frac{1}{r}$。同时，第 r 个森林可持续性指标在第 l 个省（自治区、直辖市）的分布式置信度根据模型（7-20）表示。

其次，根据模型（7-21）~模型（7-24）将置信度转换为概率分布形式，并根据模型（7-25）~模型（7-28）综合指标数据。因此，可以从基本分布概率中推导出整体森林可持续发展的分布式置信度以及合成后不确定部分的置信度，并生成模型（7-29）和模型（7-30）。例如，经过标准化后得到的输出值为0.45，若其评价等级为（0.6–0.45）/0.2，则被认为是不可接受的，而（0.45–0.4）/0.2 则可以获得更好的评价等级。

最后，为了更有效地利用后续的输出指标计算，假设 v（H_n）是输出指标在评价等级 H_n 上的效用值，可以使用模型(7-31)～模型(7-33)得到结合值，通过ER融合将输出指标合并为 Y_0。

对于决策单元 DMU_j，采用上述过程得到综合输出指标 Y_{0j}，然后将其与输入指标 $X_j=(x_{1j},\ x_{2j},\ \cdots,\ x_{mj})^T$ 代入模型（7-1）中，从而得到自评效率 θ_j。这意味着所包含的决策单元都可以获得一个自评效率向量 $\theta=(\theta_1,\ \theta_2,\ \cdots,\ \theta_n)$。

7.3.2 考虑绿色发展目标的森林碳汇综合产出指标构建

林业作为一个具有公益与基础产业双重性质，同时集生态效益、社会效益与经济效益于一体的特殊产业，在碳汇发展过程中会产生许多附加连带效应。因此，需要构建一个涵盖更广，更加能够反映各类指标作用的评价指标体系。在现有的森林效率评价研究中仍存在一些问题：①DEA 模型中使用的指标数量有限，目前的产出指标往往缺乏综合考虑。而森林碳汇绿色发展与经济效益、社会效益和生态效益等密切相关。因此，DEA 模型在森林碳汇绿色发展效率评价中的应用需要进一步讨论，以便改进所使用的产出指标。②对绿色发展的评价是多样化和复杂的（Lee et al.，2022）。但以往的评价都是基于自评效率，这意味着并没有产生关于森林碳汇绿色协调发展和双赢目标的有效建议。③合理汇总多维效益的效率评价方法仍未确定。

森林碳汇绿色发展效率与使用的评价指标密切相关，但现有的计算方法主要采用人为选择的指标，主观性强，没有考虑指标数据的全面性。森林碳汇绿色发展中使用的评价指标体系应该反映出绿色发展所涉及的各方面需要。

（1）经济增长指标。根据林业绿色经济的内涵和专家的意见，绿色经济的产出指标从四方面构建（刘珉等，2016）。其中，“林业产品总产值”是指以货币表示的林业产品总量。“经济林产品”主要指水果和木本油料、调味品、工业原料、药材等。

（2）社会效益指标。林业绿色经济发展的社会效益包括对人类环境的改善，其指标可从森林旅游方面选择。其中，“森林公园面积”是指以大面积人工林或天然林为主体组成的公园。“森林碳汇量”采用森林生物量转换因子法获得（郗婷婷和李顺龙，2006）。

（3）可持续发展指标。森林的可持续发展指标应包括森林的现状和未来的发展能力。“森林覆盖率”是指某行政区域内森林占土地的百分比。“森林蓄积量”是指一个林区内存在的树干总体积。“人均活立木蓄积量”是指在一定范围内某块土地上所有树木蓄积量的人均拥有量（徐萌等，2015）。

（4）生态效益指标。森林生态效益是林业所特有的，是决定林业在经济发展中重要性的关键因素。森林的生态功能包括森林储碳、净化空气、防止水土流失和保护生物多样性的能力。“造林面积”是指荒山、荒地上的人工林面积和航空旅游产业带来的造林面积之和。“森林抚育面积”描述发生树木抚育的面积（徐期瑚，2009）。

投入指标按照人力资源、资本和土地三方面进行选择，即林业绿色发展的投入指标为林业投资完成额（X_1）、林地面积（X_2）和林业从业人员数（X_3）。产出指标体系如表 7-1 所示。

表 7-1　森林碳汇绿色发展多层级产出指标体系

一级指标	二级指标	三级指标
综合产出指标 Y_{Co}	森林资源可持续发展 Y_{St}	森林覆盖率 Y_{St1}
		森林面积 Y_{St2}
		森林蓄积量 Y_{St3}
		人均活立木蓄积量 Y_{St4}
		森林病虫害防治面积 Y_{St5}
	林业经济增长绿色度 Y_{En}	林业产业总产值 Y_{En1}
		经济林产品总量 Y_{En2}
		林业产值占 GDP 比例 Y_{En3}
		城市绿地面积 Y_{En4}
	森林绿色发展社会效益 Y_{Sc}	森林公园数量 Y_{Sc1}
		森林公园面积 Y_{Sc2}
		森林公园年旅游人次 Y_{Sc3}
		森林碳汇量 Y_{Sc4}
	森林绿色发展生态效益 Y_{El}	自然保护区面积 Y_{El1}
		降水量 Y_{El2}
		造林面积 Y_{El3}
		森林抚育面积 Y_{El4}

在现有的指标体系中，大多数仅从单一视角考虑问题，并且指标数量少、针对性差，不能很好地代表发展要素。而本章中所构建的指标体系涵盖了森林碳汇绿色发展的各方面，并且抓住各方面的重点要素，从多个视角全面评价。同时，融合后的指标能够充分说明不同维度的发展情况，具有良好的可行性与科学性。

7.3.3　考虑不同维度的森林碳汇交叉效率评价

在计算 DMU 的自评效率之前，对多层输出指标进行融合，为每个 DMU 生成一个输出指标，根据 7.2.3 节的融合方法，可以得到一个融合后的森林资源可持续发展指标 Y_{St}，接着将其余三类三级指标也进行融合，得到对应的二级指标：林业经济增长绿色度 Y_{En}、森林绿色发展社会效益 Y_{Sc}、森林绿色发展生态效益 Y_{El}。接着将四类二级指标通过 ER 方法融合为一个综合产出指标 Y_{Co}。对于DMU_j，根据模型（7-1），将四类二级产出指标和一个综合产出指标分别与投入指标$X_j=(x_{1j},\ x_{2j},\ \cdots,\ x_{mj})^{T}$构建森林资源可持续发展、林业经济增长绿色度、森林绿色发展社会效益、森林绿色发展生态效益和综合产出指标自评效率模型，以森林资源可持续发展自评效率模型为例，得到DMU_j的五类自我评价效率，分别是θ_j^{St}、θ_j^{En}、θ_j^{Sc}、θ_j^{El}、θ_j^{Co}。为了便于理解，对上述和后续指标符号进行整理，具体如表7-2所示。

表7-2　各指标表示意义

指标名称	指标表示	自评效率	交叉效率矩阵	交叉效率集结结果
森林资源可持续发展	Y_j^{St}	θ_j^{St}	$E\ (\theta_{ij}^{St-N})$	ϑ_j^{St-N}
林业经济增长绿色度	Y_j^{En}	θ_j^{En}	$E\ (\theta_{ij}^{En-A})$	ϑ_{ij}^{En-A}
森林绿色发展社会效益	Y_j^{Sc}	θ_j^{Sc}	$E\ (\theta_{ij}^{Sc-N})$	ϑ_{ij}^{Sc-N}
森林绿色发展生态效益	Y_j^{El}	θ_j^{El}	$E\ (\theta_{ij}^{El-B})$	ϑ_j^{El-B}
综合产出指标	Y_j^{Co}	θ_j^{Co}	$E\ (\theta_{ij}^{Co-N})$	ϑ_j^{Co-N}

绿色发展是一种可持续发展模式，与循环发展和低碳发展有很大区别。低碳发展和循环发展的主要目的是解决环境恶化和生态经济发展之间的矛盾。人类主要关注的是改善他们生活的环境。绿色发展是指在提高经济水平、实现社会公平、保持可持续发展、改善生态环境的同时，依靠绿色技术和投资，实现资源节约的活动集合。从协调发展的角度看，对森林碳汇绿色发展效率评价应包括经济、社会、可持续发展和生态四个因素。来自这四个不同层面的交叉效率定义如下。

定义7-7："经济–激进"交叉效率在经济活动方面确定DMU之间的竞争问题。资本、人力和其他影响生产的因素是有限的，也就是说，资源配置是竞争性的。DMU之间的竞争关系可以促进经济发展。

定义7-8："生态–仁慈"交叉效率是在生态活动方面确定DMU之间的合作问题。由于生态发展强调区域平衡与协调，因此，DMU将同行评议作为一种激励。

定义7-9："可持续发展–中立"交叉效率是在可持续发展活动中确定DMU之间的中立态度问题。从广义上讲，可持续性是指维持某种过程或状态的能力。在评价森林碳汇绿色发展效率时，可持续性是指森林保持一定生命力，并以健康方式发展的情况。

定义7-10："社会–中立"交叉效率是指在社会活动方面确定DMU之间的中立态度。森林碳汇对社会的贡献通常是指社会效益，如一个地区的就业机会。因此，在评价社会效益时，DMU通常是中立的。

考虑到森林碳汇绿色发展需要从可持续性、经济、社会、生态四方面进行评价，DMU在评价中对不同的效益持有不同的评价视角。根据模型（7-3）~模型（7-5），基于同行评价视角是仁慈、激进或中立的，构建四类交叉效率评价模型，分别是森林资源可持续发展–中立型；林业经济增长绿色度–激进型、森林绿色发展社会效益–中立型和森林绿色发展生态效益–仁慈型，因此得到四类交叉效率矩阵为$E(\theta_{ij}^{St-N})$、$E(\theta_{ij}^{En-A})$、$E(\theta_{ij}^{Sc-N})$、$E(\theta_{ij}^{El-B})$。

基于以上步骤和7.2.2节的集结方法，森林碳汇绿色发展多维交叉评价模型的构建过程（图7-2）如下。

步骤1：根据7.3.2节，使用ER方法将三级产出指标融合为四类二级指标，再将四类二级指标融合为一个综合指标，由此得到关于我国各省（自治区、直辖市）的五类产出指标。

步骤 2：使用模型（7-1），分别计算投入指标与五类产出指标的自评效率，在此基础上，根据定义 7-7 ~ 定义 7-10，使用模型（7-3）~ 模型（7-5），计算产出指标对应的交叉效率矩阵。

步骤 3：根据定义 7-3 ~ 定义 7-5，使用 OCE- 交叉效率集结法构建交叉效率向量，最后进行结果分析与讨论。

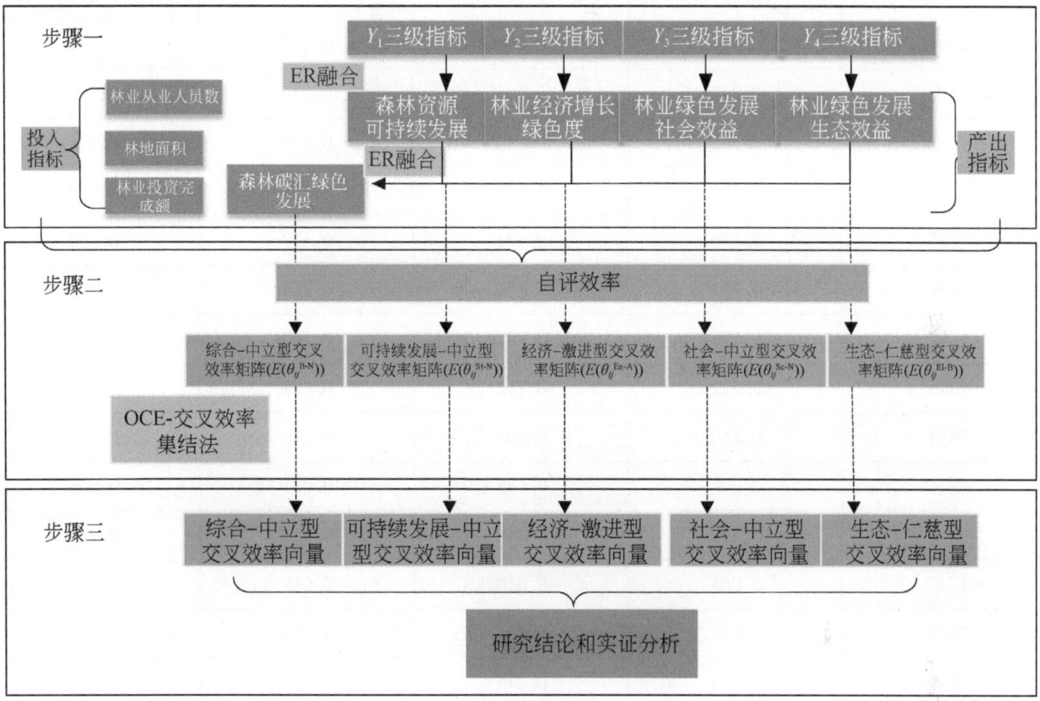

图 7-2 本研究中使用的方法步骤图

7.4 森林碳汇绿色发展交叉效率评价分析

本章计算了 2019 年中国 31 个省（自治区、直辖市）的四类二级指标交叉效率矩阵，分别是“经济–激进型”“生态–仁慈型”“可持续发展–中立型”和“社会–中立型”。并基于 OCE- 交叉效率集结法，得到四类 OCE- 交叉效率向量，如表 7-3 所示。

表 7-3 四类 OCE- 交叉效率向量

DMU	经济–激进型	生态–仁慈型	可持续发展–中立型	社会–中立型
北京	0.071	0.068	0.087	0.106
天津	0.963	0.972	1.000	1.000

续表

DMU	经济-激进型	生态-仁慈型	可持续发展-中立型	社会-中立型
河北	0.121	0.108	0.112	0.112
山西	0.121	0.118	0.141	0.148
内蒙古	0.051	0.123	0.219	0.087
辽宁	0.320	0.216	0.505	0.393
吉林	0.127	0.108	0.281	0.205
黑龙江	0.068	0.089	0.226	0.147
上海	0.247	0.305	0.243	0.246
江苏	0.362	0.190	0.174	0.331
浙江	0.272	0.178	0.251	0.264
安徽	0.186	0.172	0.138	0.132
福建	0.259	0.183	0.259	0.192
江西	0.106	0.087	0.100	0.076
山东	0.512	0.212	0.222	0.345
河南	0.116	0.095	0.110	0.091
湖北	0.094	0.085	0.081	0.066
湖南	0.248	0.246	0.250	0.219
广东	0.064	0.040	0.035	0.079
广西	0.840	0.528	0.841	0.845
海南	0.254	0.249	0.257	0.162
重庆	0.092	0.106	0.112	0.103
四川	0.091	0.086	0.160	0.111
贵州	0.183	0.175	0.192	0.129
云南	0.278	0.206	0.734	0.581
西藏	0.077	0.178	0.331	0.199
陕西	0.145	0.204	0.173	0.123
甘肃	0.225	0.456	0.287	0.277
青海	0.260	0.869	0.377	0.524
宁夏	0.125	0.225	0.122	0.117
新疆	0.330	0.770	0.572	0.453

从表 7-3 可以看出，我国各省（自治区、直辖市）四类交叉效率间存在差异。以新疆为例，四类 OCE-交叉效率分别为 0.330、0.770、0.572 和 0.453，说明新疆地区在森林碳汇绿色发展维度上存在差异。其生态交叉效率为 0.770，说明新疆大力保障地区生态平衡和发展，是森林碳汇绿色发展的重要保障。而经济交叉效率为 0.330，说明新疆尚未将当地森林资源合理开发从而转化为经济产量，下一步应当重点关注地区森林经济发展。因此，四类交叉效率也指出了各省（自治区、直辖市）绿色发展的优劣势，从而为地区发展指明路径，做到扬长补短。

为了分析产出指标和交叉效率之间的关系，构建了四个四象限图。与平均数相比，中位数考虑的是顺序关系，也就是说，根据产出指标（指标体系约简所得）和交叉效率的中位数，将决策单元分为四个象限，通过制作散点图，得到各省（自治区、直辖市）在四个象限中的产出-效率的分类和定位。

从四个象限来看，第一象限的产出指标和交叉效率都高于中位数水平。处于第一象限的省（自治区、直辖市）可以被定义为"产出优势-效率型"（A-E 型）。属于 A-E 型的省（自治区、直辖市）能够充分发挥其在森林碳汇绿色发展产出方面的优势，具有绿色发展效益。本书将交叉效率高于中位数水平、产出指标低于中位数水平的第二象限省（自治区、直辖市）定义为"产出劣势-效率型"（DA-E 型）。虽然这些省（自治区、直辖市）的产出指标并不高，但交叉效率却很高。提高产出将使交叉效率提高。第三象限的省（自治区、直辖市）被定义为"产出劣势-低效型"（DA-IE 型）。这些省（自治区、直辖市）的产出指标和交叉效率都低于中位数水平，产出能力有限导致交叉效率低下，因此在未来的发展中需要提高产出指标。第四象限省（自治区、直辖市）的产出指标高于中位数水平，因此被定义为"产出优势-低效型"（A-IE 型）。虽然这些省（自治区、直辖市）的产出指标较高，但交叉效率并不高，说明投入方面存在冗余。适当调整这些省（自治区、直辖市）的投入和产出结构可以提高效率。

下面将对五种不同类型的交叉效率进行了实证分析。

1）基于森林碳汇绿色发展二级指标的分析

（1）经济-激进型交叉效率实证分析。

森林经济活动是指利用森林资源进行以营利为目的的生产和经营。森林绿色经济是指在促进经济增长和发展的同时，确保森林资源能够与环境共同维持人类福祉。图 7-3 展示了经济产出指标与经济-激进型交叉效率之间的关系。

从图 7-3 可以看出，广西、山东、江苏和福建是典型的"A-E 型"省（自治区、直辖市）。这些省（自治区、直辖市）森林所提供的绿色产出和绿色经济效益都远远高于中位数水平。广西是林业大省，林业收入占国民收入的比例很高。近年来，广西的林业科技发展和政策投资都走在前列，使该省成为有用的标杆。新疆、青海、甘肃是"DA-E 型"省（自治区、直辖市），森林资源并不丰富，但利用率很高，林下种植业发展良好，林业经济效益高。"DA-E 型"省（自治区、直辖市）中，辽宁虽然森林资源丰富，但森林主要处于生态保护状态，政府对林业第二、第三产业的发展不够重视，林业经济总量不高。不过，只要发展林业产业，该省的林业经济效益就可以提高。许多省（自治区、直辖市）属于"DA-IE 型"，这些省（自治区、直辖市）的森林生态资源相对匮乏，林业产业的发展

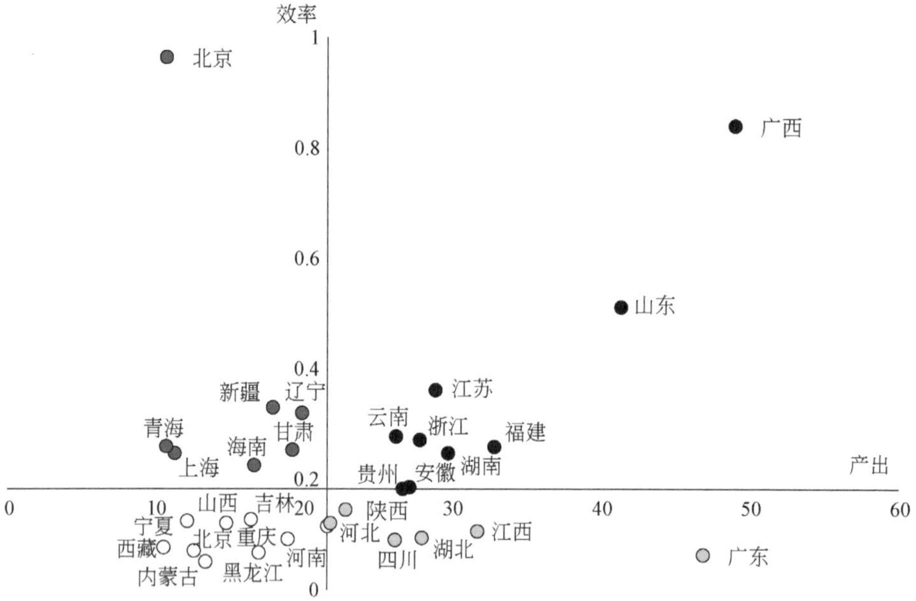

图 7-3　经济-激进型交叉效率四象限图

水平、经济产出和与森林相关的效率都很低。黑龙江的情况略有不同，虽然森林资源丰富，但该省森林主要处于生态保护状态，林业产业不足。森林收入低是该省森林经济效率低的主要原因。典型的“A-IE 型”省（自治区、直辖市）包括广东、江西和四川，这些省（自治区、直辖市）并没有合理地分配资源。虽然产出水平很高，但效率特别低，浪费严重。广东的经济发展集中在电子、制造业和其他第三产业，林业产出管理不足，效率低下。

（2）社会-中立型交叉效率实证分析。

森林的社会效益是指森林发展满足人类需求的能力，主要体现在改善人类福祉、减少贫困、实现社会公平。图 7-4 显示了从社会发展角度看各省（自治区、直辖市）的产出指标和社会-中立型交叉效率之间的关系。

图 7-4 显示，广西、云南等“A-E 型”省（自治区、直辖市）自然资源丰富，山水周边居民众多，社会对林业发展的满意度较高，丰富的森林资源带动旅游业发展。青海、新疆、甘肃等“DA-E 型”省（自治区、直辖市）地广人稀，气候宜人，应优化其森林环境条件，以增加产量，进一步提高社会效益。典型的“DA-IE 型”省（自治区、直辖市），如山西和内蒙古，气候差异大，具有复杂多样的地形，导致了森林资源的多样性。然而，社会经济发展和资源分配不平衡导致产出和效益低下。典型的“A-IE 型”省（自治区、直辖市），如广东和四川，森林覆盖面积大，经济发达，生产投入要素充足，但社会效率低，森林资源结构有待调整。

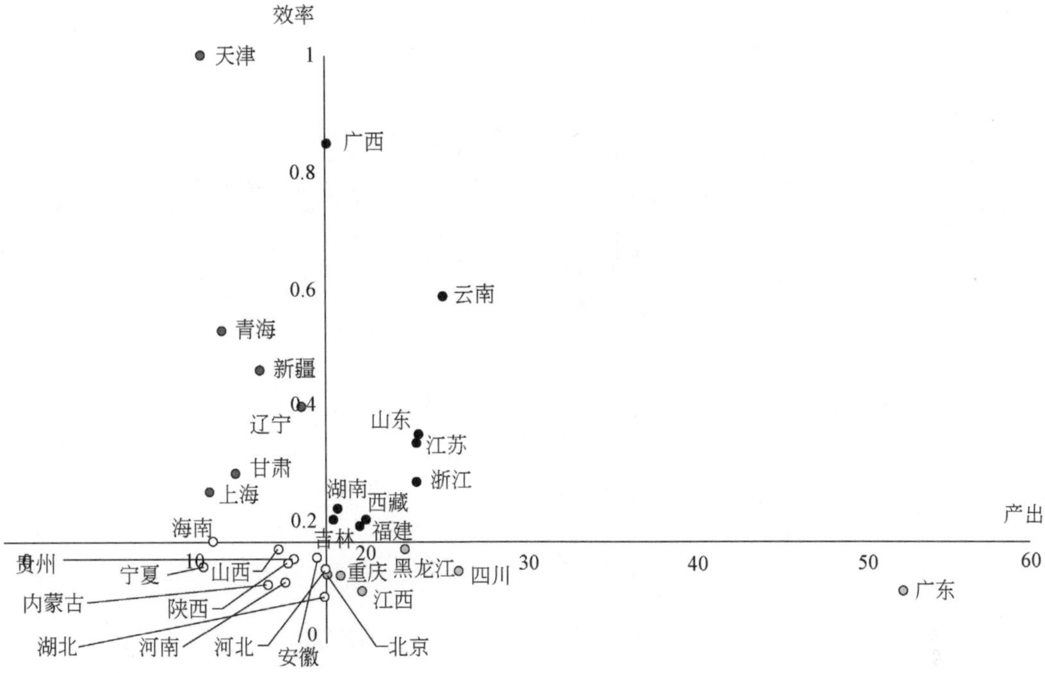

图 7-4　社会-中立型交叉效率四象限图

（3）可持续发展-中立型交叉效率实证分析。

资源是一切林业发展的基础，森林资源已成为环境和经济协调可持续发展的关键。只有森林资源的可持续发展，森林和人类才能有一个可持续的未来。因此，本章从可持续发展的角度分析了森林碳汇绿色发展中可持续性产出指标与效率之间的关系。31 个省（自治区、直辖市）的产出指标和可持续发展-中立型交叉效率之间的关系分布如图 7-5 所示。

从图 7-5 可以看出，广西、云南、辽宁等“A-E 型”省（自治区、直辖市）林业发展状况良好，森林资源可持续性好，林业发展效率高，可以依托自身资源优势形成良性循环的局面。青海、甘肃、上海、海南等“DA-E 型”省（自治区、直辖市）由于资源限制，产出指标较低，但由于整体森林环境保护政策的变化，这些地区的发展趋势有所好转，可持续效率的中位数趋于平均水平。如果要提高这类省（自治区、直辖市）的效率，必须更加关注可持续治理。从图 7-5 来看，许多省（自治区、直辖市）属于“DA-IE 型”，包括山西、安徽和北京。目前，这些省（自治区、直辖市）的可持续保护力度不够，林业发展效率低，需要更加重视高质量发展和可持续建设，通过合理配置资源提高效益。四川和贵州等“A-IE 型”省（自治区、直辖市），产出指标高，效率低。因此，这些省（自治区、直辖市）应采用新兴技术手段，加强可持续森林资源的保护和利用，提高效益。

（4）生态-仁慈型交叉效率实证分析。

生态效益主要体现在对生态环境的改善、环境风险的降低、生物稀缺性的降低等方面。森林独特的生态效益是决定森林碳汇绿色发展的关键因素。本研究从动态变化的角度出发评价林业生态效率。图 7-6 是描述森林生态效率和产出的四象限图。

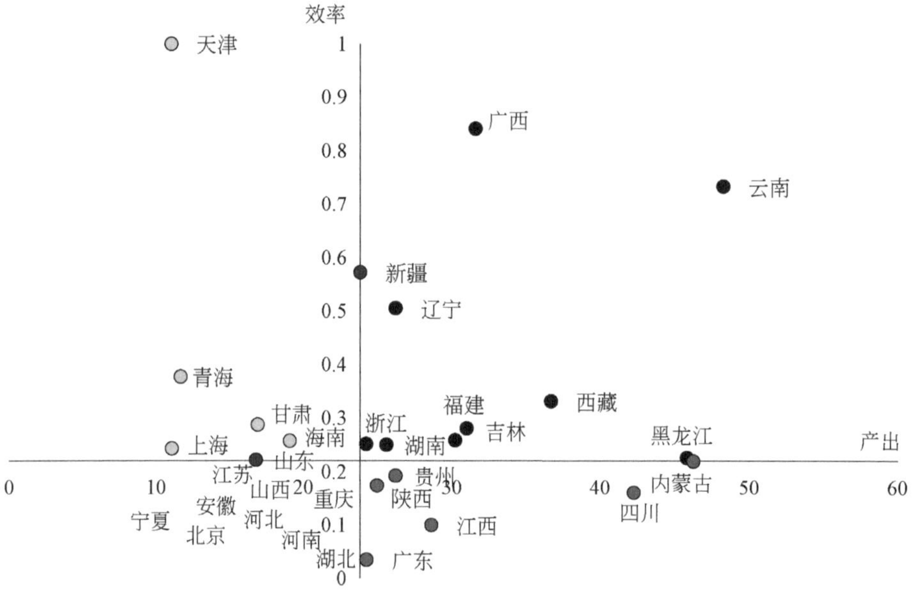

图 7-5　可持续发展-中立型交叉效率四象限图

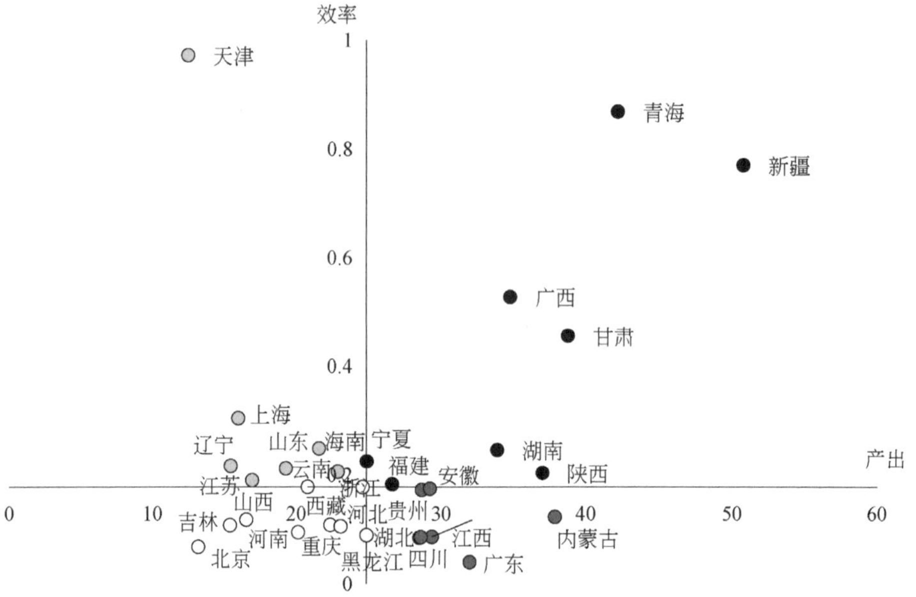

图 7-6　生态-仁慈型交叉效率四象限图

图 7-6 显示，典型的“A-E 型”省（自治区、直辖市）（新疆、青海、甘肃、山西、福建、广西和湖南）可以分为中国西北地区的省（自治区、直辖市）和拥有丰富森林资源的省（自治区、直辖市）两类。近年来，中国政府大大提高了中国西北地区的水土保持工作的成效，特别是“农林生态系统”的推广，解决了围绕中国西北地区林地缺乏的问

题。效率评估说明政策支持和技术升级的必要性和有效性，并表明拥有丰富森林资源的省（自治区、直辖市）为生态保护做出了重大贡献，并起到标杆作用。天津、上海等“DA-E型”省（自治区、直辖市）经济发展水平较高，虽然这些省（自治区、直辖市）的森林生态保护效率不低，但生态保护的产出规模有待提高。北京、吉林等典型的“DA-IE 型”省（自治区、直辖市），近年来对森林生态建设重视不够，产出和效率都不高。因此，有必要加强这些地区的森林管理。典型的“A-IE 型”省（自治区、直辖市），如广东、江西和贵州，在森林生态建设方面取得了较好的成绩，但森林资源的不合理利用降低了这些省（自治区、直辖市）的林业生态效率。

2）基于综合产出指标的森林碳汇绿色发展的分析

根据森林碳汇绿色发展产出的综合指标，计算了中国 31 个省（自治区、直辖市）的“综合–中立型”交叉效率，根据计算结果进行实证分析。图 7-7 显示了森林碳汇绿色发展综合产出指标与效率之间的关系。

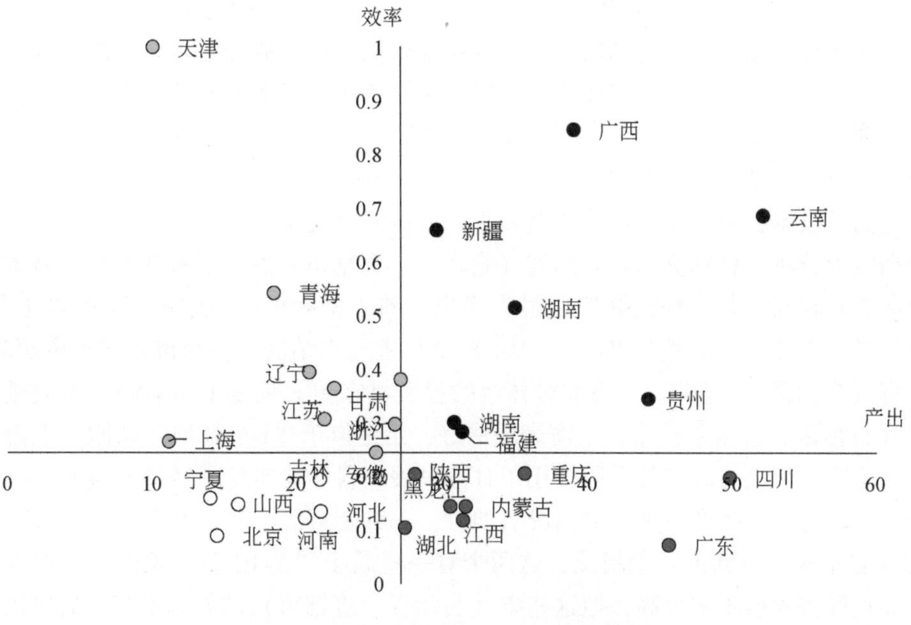

图 7-7　综合–中立型交叉效率四象限图

在图 7-7 中，大多数“A-E 型”省（自治区、直辖市）的森林覆盖率特别高（例如，在森林覆盖率方面，福建是第一，广西是第三）。这两个省（自治区、直辖市）都在中国南部。在 1999 ~ 2019 年，由于政府对集体林权制度进行改革，南方林农投资林业和合理分配林业收入的积极性有所提高。效率评估的结果表明这项改革特别有效。森林覆盖率最高的福建是第一个进行改革的省，成效显著。如图 7-7 所示，福建是一个“A-E 型”省。广西也是这种类型，森林产业在经济中占很大比例，而且广西在林业绿色发展方面更有经验。其各方面的效率一直是全国最高的，因此该省被认为是一个发展标杆。新疆位于中国西北部，其林业绿色发展潜力不容忽视。新疆的森林资源主要由山区的天然林、绿洲人工林和沙漠河谷组成。该地区森林占 1.63 亿亩①，森林面积超过 9900 万亩，活立木总蓄积量为 3.39 亿 m^3。森林面积和森林体积在全国排名第 13 位。由于森林资源丰富，新疆更加注重生态保护，引进了许多科技手段，使森林向高质量方向发展。新疆森林碳汇绿色发展水平位居全国前列。

在“DA-E 型”（自治区、直辖市），林业综合产出仍领先于全国中位数，但这些省（自治区、直辖市）的综合交叉效率并不高。对比图 7-3 ~ 图 7-6 的结果，这些省（自治区、直辖市）综合交叉效率低的主要原因是林业的生态效率低。例如，山西是重要的煤炭生产地区，尚未能协调好经济发展与环境保护之间的矛盾。

从综合评价的角度来看，只有 7 个省（自治区、直辖市）（宁夏、吉林、安徽、北京、山西、河北和河南）处于“DA-IE 型”象限。除宁夏和安徽外，这些省（自治区、直辖市）的森林资源并不丰富，直接限制了这些省（自治区、直辖市）的森林碳汇绿色发展效率。宁夏和安徽在生态保护方面更为突出（图 7-6）。宁夏的林业产值比例较低，绿色发展水平较低，这是因为宁夏的森林主要是以生态功能为保护对象，不能进行采伐和交易，因此从产出数据分析中得到的产出和效益都很低。安徽的综合评价不高，因为其社会贡献小。从图 7-4 可以看出，安徽的社会型交叉效率在全国基本上是最低的。

处于“DA-E 型”象限的省（自治区、直辖市）均为资源节约型林业发展模式。例如，上海的自然植被很少，但它非常重视发展林业绿色经济，密切关注碳中和，在林业发展中应用高新技术，科学实现经济效益和生态效益的有机统一。

根据以上分析，森林资源丰富的省（自治区、直辖市）在发展林业绿色经济方面的效益或效率相对较高，其中福建和广西最为突出。图 7-3 ~ 图 7-7 表明，这些省（自治区、直辖市）总是位于“A-E 型”象限。“DA-E 型”省（自治区、直辖市）属于资源节约型。在这些省（自治区、直辖市），增加对林业的投资将在更大程度上提高绿色发展效率。在这些省（自治区、直辖市）中，上海表现最好，始终位于“DA-E 型”象限。上海的森林覆盖率并不高，但其将高科技手段应用于林业发展，科学地实现了经济效益和生态效益的有机统一。绿色发展生产效率低的情况有两种：一种是资源浪费，如广东、四川等“A-IE 型”省（自治区、直辖市）的情况，这两个省一直属于“A-IE 型”象限，不但森林资源丰富，而且经济发展水平较高，但这些省（自治区、直辖市）的效率不高，需要优化林业资源配置结构，更加注重发展。资源短缺也会导致效率低下，这一点在山西和河南等省（自治区、直辖市）已有所体现。

7.5 本章小结

本章通过回顾相关文献，梳理现有的森林效率评价体系（包括效率、指标和方法），并从生态、经济、社会和可持续性四个维度构建了林业绿色经济输出指标体系。同时，本章提出了一种基于信息融合的森林绿色发展多维交叉效率评价方法。该方法采用交叉评价技术，

① 1 亩≈666.67m^2。

对林业绿色经济效率进行评估，整合四个维度的输出指标，进而计算综合交叉效率值。

基于此方法，本章对中国31个省（自治区、直辖市）的林业绿色经济发展现状进行了分析。研究结论如下。

（1）在方法层面，得出了两个主要结论。首先，与自我评价方法相比，交叉评价从同行角度进行的效率评估更为客观。通过对中国31个省（自治区、直辖市）的评价结果分析发现，交叉评价模型有效克服了自我评价中普遍存在的高估问题，使31个省（自治区、直辖市）的效率分组更加符合实际情况。其次，使用粗糙集的条件熵构建交叉效率集结模型，能够有效反映自我评价与交叉评价的序关系及其在交叉评价中的重要性。实证结果表明，与单纯使用熵信息或分析自我评价与同行评价之间的相似关系相比，该集结方法更加合理地考虑了自我评价与同行评价之间的序关系，并且获得的集结信息具有更高的差异化程度。因此，本研究采用的集结方法更好地利用了效率分组的客观性与准确性。

（2）在应用层面，本章提出的多维交叉效率评价方法能够更好地分析林业绿色经济发展中的产出效率关系。实证结论揭示了以下两个问题。

首先，整体而言，效率评价结果表明中国林业绿色经济的区域发展存在不平衡。从单一维度分析的角度来看：①经济交叉效率评价结果显示，只有资源丰富且林业产业在经济中占比较高的地区，才能呈现不同产出效率之间平衡且良好的关系。其他地区需要通过增加林业经济产出或投入进一步提升效率。②在可持续发展方面，资源优势尤为关键，资源不足的地区必须提高资源利用率。③从生态维度分析，森林资源丰富的省（自治区、直辖市）生态效率较高，但在过度注重经济发展的地区，生态产出效率较低。④从社会效益角度来看，森林资源丰富且重视森林旅游业发展的省（自治区、直辖市）生态效率较高，这些省（自治区、直辖市）可以作为森林资源较少、森林旅游或城市建设较弱地区的典范。

其次，将各维度的产出效益综合计算，得出综合交叉效率。通过对比综合效率与各维度的效率评价结果发现，许多省（自治区、直辖市）在不同维度上的发展极为不均衡。一些森林资源丰富的省（自治区、直辖市）在经济发展上高度依赖林业产业，导致经济效率较高，但在其他三方面的效率较低。因此，本章的分析结果可以为各省（自治区、直辖市）提供参考，帮助其在四个维度上确定提高林业绿色经济效率的路径。

针对以上问题，本章为各省（自治区、直辖市）在四个维度上提高林业绿色经济效率提出了以下建议。

第一，在生态方面：鉴于生态保护的紧迫性，建议实施包括生态保护在内的管理和控制体系，强化对森林、湿地和草地资源的监测、管理及科学利用。同时，建议开展生物多样性保护项目，保护关键栖息地中的野生动植物，并拯救珍稀濒危物种。

第二，在经济方面：在推动第一、第二、第三产业融合发展的同时，应建设绿色发展示范区：①需要拓展和强化现有产业结构，构建完善的木材和竹材加工产业链。可考虑建设国家级林业产业示范园区及省级重点林业园区。②应持续推进商品材林、竹花花卉和知名经济林项目，同时鼓励发展短期工业原料林，大力培育速生高产林和大径材林，以提高木材自给率。③政府应进一步支持森林旅游业，扶持林区居民，通过森林健康、医药、保健、体育、文化等产业的融合创造基于森林的新型商业模式。

第三，在可持续性方面：为实现林业的可持续发展，应根据地方特点和条件规划，调整和优化经济结构，开发林业产品，并推动结合就业与经济发展的建设项目。同时，发展科技是实现林业可持续发展的关键战略，应摒弃以牺牲环境和资源为代价的粗放型经济模式，实施科技兴林战略，并不断提高林业建设的科技含量。

第四，在社会效益方面：社会效益体现在城市绿化、人居环境的视觉改善及幸福感的提升上。应发展能够提升城市功能并满足市民需求的城市公园建设，提升城市价值和宜居性。在城市规划设计中适当融入园林景观设计，将为城市建筑增添园林特色和魅力。同时，需在道路和住宅区大力推进植被覆盖项目，以满足人们对绿色森林的需求，并提升居民对绿色环境的满意度。

第8章　森林碳汇交叉效率及带动效益的空间溢出效应研究

8.1　森林碳汇带动效益的概述发展

2020年9月，中国在第七十五届联合国大会上首次提出了“双碳”目标。“双碳”目标的设立是中国推动全球气候环境治理、实现高质量发展的重要举措。森林作为天然碳库，对于实现“双碳”目标具有重要的碳汇作用，并且森林具有系统多功能性。不仅可以通过造林和管理增加森林碳汇，还能间接实现包括经济、生态和社会在内的多重效益。在经济方面，可通过交易新增碳汇实现经济价值；在生态方面，可保护生物多样性，增强环境承载力；此外，在社会方面，还可提供公众休闲疗养场所及科研教学基地等。将直接产生的森林碳汇与间接产生的生态、经济、社会效益相结合是评估碳汇效益的关键途径。例如，在碳交易中，CCER林业碳汇项目的设计文件不仅要求人为活动产生的额外增量林业碳汇，还要求对林业碳汇项目开发过程中的生态、经济、社会效益进行综合评估。在林业碳汇项目的开发和管理中，国家林业和草原局强调要重点关注森林资源的可持续利用、生态修复以及社区参与，推动林业碳汇与乡村振兴相结合。在绿色金融领域，政府间气候变化专门委员会（IPCC）已建议对森林碳汇的多重效益进行动态核算。

森林在应对气候变化中扮演着至关重要的角色。作为自然界中最大的碳汇之一，它们能够吸收并储存大量的二氧化碳，从而有效减缓全球变暖的趋势。而中国在“双碳”目标的引领下，正积极通过造林、森林管理等措施努力提升森林碳汇能力，为全球气候治理贡献中国力量。同时，森林的多功能性也使其在实现经济效益、生态效益和社会效益方面发挥着不可替代的作用。在经济方面，通过碳汇交易等市场机制，森林碳汇可以转化为实实在在的经济收益，给林农和林业企业带来实惠。在生态方面，森林是生物多样性的宝库，能够维护生态平衡，提升环境承载力。在社会方面，森林为人们提供了休闲、疗养、科研教学等多重服务，丰富了人们的精神文化生活。

因此，在评估森林碳汇效益时，必须充分考虑其直接产生的碳汇效益以及间接产生的生态效益、经济效益、社会效益，这样才能更全面、准确地反映森林在应对气候变化和实现可持续发展中的重要作用。

8.2 多维度产出效益下的交叉效率评价模型

8.2.1 空间溢出效益模型

1）莫兰指数

莫兰指数能够考察空间总体中个体间是否存在空间依相关性，分为局部莫兰指数和全局莫兰指数，全局莫兰指数用于考察是否存在空间聚集的情况，其计算公式（徐源等，2021；张扣扣等，2022）如下：

$$I=\frac{n\sum_{i=1}^{n}\sum_{j=1}^{n}\omega_{ij}(D_i-\bar{D})(D_j-\bar{D})}{\left(\sum_{i=1}^{n}\sum_{j=1}^{n}\omega_{ij}\right)\sum_{i=1}^{n}(D_i-\bar{D})^2} \tag{8-1}$$

式中，I 为全局莫兰指数；$\bar{D}$ 为评估变量 D 的平均值；D_i 和 D_j 分别为变量 D 在空间 i 和 j 处的数值（$i\neq j$）；ω_{ij} 为 D_i 与 D_j 之间的空间权重函数；n 为地区数。

全局莫兰指数 I 介于［-1，1］，$I>0$ 表示所有地区在空间上存在正相关性；$I<0$ 表示所有地区在空间上存在负相关性；$I=0$ 表示所有地区在空间上无相关性，属于随机分布。

利用全局莫兰指数可以了解总体在空间上的聚集类型，但无法找出具体是哪些省（自治区、直辖市）发生了空间聚集。而局部莫兰指数可进一步找出空间聚集区域，计算公式如下：

$$I_{\mathrm{L}}=\frac{n(D_i-\bar{D})\sum_{j=1}^{n}\omega_{ij}(D_j-\bar{D})}{\left(\sum_{i=1}^{n}\sum_{j=1}^{n}\omega_{ij}\right)\sum_{i=1}^{n}(D_i-D_j)^2} \tag{8-2}$$

式中，I_{L} 为局部莫兰指数。

2）空间计量模型

在不考虑各空间单元之间相关性的情况下，研究被解释变量和解释变量之间影响关系的模型被称为回归分析。其中，普通最小二乘（ordinary least squares，OLS）回归模型是最简单的回归模型：

$$y_{it}=\beta_i x_{it}+\mu_{it} \tag{8-3}$$

式中，y_{it} 和 x_{it} 分别为被解释变量和解释变量，下标 it 代表时间 t 下的观测样本 i；β_i 为解释变量 x_{it} 的影响系数；μ_{it} 为相互独立的随机误差项向量，且服从（0，σ^2）分布。

传统的回归模型无法考察空间单元之间的相关性，在研究地区存在空间关联性的情况下运用 OLS 模型，可能导致回归结果不合理。因此，需引入空间效应，即利用空间权重矩阵来修正 OLS 回归，构建空间计量模型，从而提高模型的准确性。空间计量模型包括空间滞后模型（SLM）、空间误差模型（SEM）和空间杜宾模型（SDM）（付伟等，2023）：

（1）SLM 的空间自相关性体现在被解释变量的滞后项上，可以检验被解释变量外延的影响，即本地区被解释变量受到相邻地区被解释变量影响的程度。

$$y_{it} = \rho \sum_{j=1}^{n} w_{ij} y_{it} + \varphi + x_{it}\beta + \mu_i + \eta_i + \varphi_{it} \tag{8-4}$$

（2）SEM 的空间自相关性体现在误差项上，可以检验误差项对被解释变量造成的影响。

$$y_{it} = \varphi + x_{it}\beta + \mu_i + \eta_i + \varphi_{it} \tag{8-5}$$

$$\varphi_{it} = \lambda \sum_{j=1}^{n} w_{ij} \varphi_{it} + \varepsilon_{it} \tag{8-6}$$

（3）SDM 是 SLM 和 SDM 的拓展形式，同时包含被解释变量和解释变量的空间滞后项，因此空间自相关性同时体现在被解释变量和解释变量上。

$$y_{it} = \rho \sum_{j=1}^{n} w_{ij} y_{it} + \varphi + x_{it}\beta + \sum_{j=1}^{n} w_{ij} x_{ijt}\gamma + \mu_i + \eta_i + \varphi_{it} \tag{8-7}$$

式中，y_{it}、w_{ij}、ρ 分别为第 i 个省（自治区、直辖市）的被解释变量、空间权重矩阵和空间自回归系数；$\sum_{j=1}^{n} w_{ij} y_{it}$ 为相邻省（自治区、直辖市）被解释变量对本省（自治区、直辖市）的影响；x_{ijt} 为解释变量；β 为解释变量的参数估计系数向量；$\sum_{j=1}^{n} w_{ij} x_{ijt}\gamma$ 为相邻省（自治区、直辖市）解释变量对本省（自治区、直辖市）被解释变量的影响；γ 为空间自相关系数矩阵；μ_i、η_i 和 φ_{it} 分别为空间效应项、时间效应项和误差项；λ 为误差项的空间自相关系数；ε_{it} 为独立同分布误差项且服从（0，σ^2）分布。

8.2.2 森林碳汇带动效应的交叉评价系统空间模型

本节先引入交叉效率评价方法用于多维度产出指标体系下的森林碳汇交叉效率的测算，然后利用 ER 模型合成各间接产出维度及间接产出系统的森林碳汇交叉效率，减少合成过程中的效率信息损失。再引入空间计量模型探究中国森林碳汇的空间溢出效应以及影响因素。考虑到森林碳汇发展过程中各区域之间的竞合关系，以中立视角，最大化产出效益为目标选取策略模型（Wang and Chin，2010a）。

以具有 3 个森林碳汇投入指标和 11 个森林碳汇产出指标的 31 个省（自治区、直辖市）为决策单元，$x_{ij}(i=1,2,3;\ j=1,2,\cdots,31)$ 表示第 j 个省（自治区、直辖市）的第 i 个森林碳汇投入，$\overline{Y}_j=\{y_j^{\mathrm{D}},\ y_j^{\mathrm{E}},\ y_j^{\mathrm{F}},\ y_j^{\mathrm{S}}\}$ 表示第 j 个省（自治区、直辖市）的森林碳汇产出，其中，y_j^{D} 表示第 j 个省（自治区、直辖市）的森林碳汇量产出，$y_j^{\mathrm{E}}=\{y_{ij}^{\mathrm{E}}\}(i=1,2,3)$ 表示第 j 个省（自治区、直辖市）生态维度下的第 i 个森林碳汇产出，$y_j^{\mathrm{F}}=\{y_{ij}^{\mathrm{F}}\}(i=1,2,3)$ 表示第 j 个省（自治区、直辖市）经济维度下的第 i 个森林碳汇产出，$y_j^{\mathrm{S}}=\{y_{ij}^{\mathrm{S}}\}(i=1,2,3,4)$ 表示第 j 个省（自治区、直辖市）社会维度下的第 i 个森林碳汇产出。以森林抚育面积为单一产出为例，第 k 个省（自治区、直辖市）（DMU_k，$k=1,\cdots,n$）的森林碳汇自评效率可由 CCR 模型计算得到。利用 CCR 模型的最优解，利用式（8-9）来计算以森林抚育面积为单一产出的各个省（自治区、直辖市）的交叉效率。

$$
\max \delta
$$

$$
\text{s. t.}\begin{cases}\sum_{i=1}^{m} v_{ik}x_{ik} = 1, \\ \sum_{r=1}^{s} u_{rk}y_{rk} = \theta_{kk}^{*}, \\ \sum_{r=1}^{s} u_{rk}y_{rj} - \sum_{i=1}^{m} v_{ik}x_{ij} \leqslant 0, j = 1,\cdots,n; j \neq k, \\ u_{rk}y_{rk} - \delta \geqslant 0, r = 1,\cdots,s, \\ u_{rk} \geqslant 0, v_{ik} \geqslant 0, r = 1,\cdots,s, i = 1,\cdots,m \end{cases} \tag{8-8}
$$

综上所述，基于证据推理的森林碳汇带动效应的交叉评价系统空间模型构建步骤如下。

步骤 1：基于中立型交叉效率评价方法计算森林碳汇单产出角度下的交叉效率。利用 CCR 模型得到各省（自治区、直辖市）单一产出指标下的森林碳汇自评效率，进一步通过式（8-9）和式（8-10）计算得到各省（自治区、直辖市）第三级单一产出指标下的森林碳汇交叉效率矩阵。

$$
E_{1,j}^{\mathrm{E}} = \sum_{i=1}^{n} \omega_i \theta_{1,ij}^{\mathrm{E}}, j = 1,2,\cdots,n \tag{8-9}
$$

步骤 2：运用基于条件熵的交叉效率矩阵集结方法对上述交叉效率矩阵进行集结。首先，计算交叉效率矩阵中各个元素之间的距离，利用式（8-1）计算得到所有 DMU 的条件熵。

步骤 3：利用 ER 模型将各省（自治区、直辖市）第三级单一产出指标下的森林碳汇交叉效率矩阵融合为各间接产出维度及间接产出系统下的交叉效率矩阵。

步骤 4：采用空间计量模型探究森林碳汇的空间溢出效应以及影响因素。首先利用莫兰指数考察森林碳汇量的空间自相关性，再以间接产出交叉效率为核心解释变量，通过拉格朗日乘数（LM）检验、似然比（LR）检验、Ward 检验和豪斯曼（Hausman）检验，选择最优的空间回归模型进行回归。进一步将核心解释变量拓展为生态、经济和社会产出维度下的交叉效率，探索间接产出交叉效率对森林碳汇的具体影响方向。

综上所述，基于证据推理的森林碳汇交叉评价系统空间模型的构造过程如图 8-1 所示。

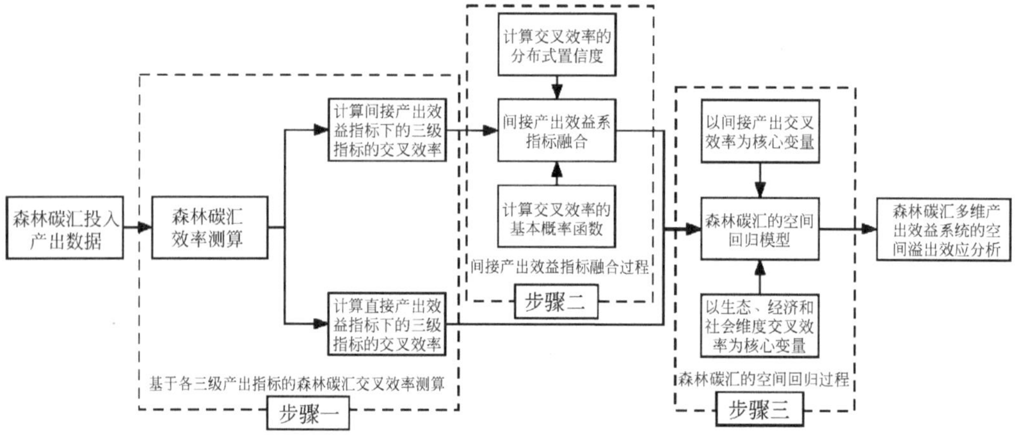

图 8-1　基于证据推理的森林碳汇交叉评价系统空间模型的构造过程

8.3 基于交叉效率测度的森林碳汇带动效益的空间溢出研究

8.3.1 考虑碳汇带动效应的森林碳汇综合产出指标构建

1）交叉效率指标体系构建

根据 DEA 效率测度方法，投入指标选取方面仍选择土地、劳动和资本三要素，并依次选取林地面积、林业系统年末从业人员数、林业固定资产投资完成额进行衡量。本章使用中国 2009～2021 年的林业数据，森林碳汇量的数据来自国家青藏高原科学数据中心的中国森林地上和地下植被碳储量数据集，该数据集是通过采用回归与机器学习算法融合高分辨率主动微波遥感、长时间序列的被动微波与光学遥感信息得到的（陈永喆等，2023）。其余数据均来源于中国林业和草原统计年鉴和中国统计年鉴。

森林经营除了直接带来森林碳汇量的产出效益，还在生态、经济以及社会方面具有丰富的产出效益。本研究考虑森林碳汇发展作用和产出指标的关联性，将产出效益分为直接产出效益和间接产出效益两类。森林碳汇量为直接产出效益，间接产出效益兼顾了其生态、经济以及社会等多重效益。直接产出效益和间接产出效益分别作为子系统，共同组成了森林碳汇综合产出系统，其中，间接产出系统由多层级指标构成，如表 8-1 所示。

表 8-1 森林碳汇投入产出综合指标体系

	一级指标	二级指标	三级指标（具体指标内容）	单位	符号
投入指标	生产三要素投入指标	土地投入	林地面积	万 hm^2	X_1
		劳动投入	林业系统年末从业人员数	人	X_2
		资本投入	林业固定资产投资完成额	万元	X_3
产出指标	直接产出效益指标	直接产出效益	森林碳汇量	t 碳	Y^D
	间接产出效益指标	生态产出效益	森林抚育面积	hm^2	Y_1^E
			林业有害生物防治面积	hm^2	Y_2^E
			造林面积	hm^2	Y_3^E
		经济产出效益	第一产业总产值	万元	Y_1^F
			第二产业总产值	万元	Y_2^F
			第三产业总产值	万元	Y_3^F
		社会产出效益	林业旅游总人数	人	Y_1^S
			经济林产品总量	元	Y_2^S
			林业系统在岗职工年平均工资	元	Y_3^S

从生态产出效益来看，森林质量的提高首先体现在森林资源数量的增加上。森林质量的提升有利于促进森林资源的形成，并且能够提高树木抵御病虫害的能力（陈永喆等，2023）。故选取森林抚育面积代表增加森林资源数量的效益；选取林业有害生物防治面积代表防治有害生物的效益；选取造林面积代表增加的森林面积的效益。

从经济产出效益来看，森林能够带来多种类型的经济收入。例如，森林中的商品林能够通过进入市场产生经济价值；森林优美的风景与清幽的环境能够吸引旅客来旅游，从而创造经济收入（谷建龙和赖于民，2022）等。由于林业总产值已包含林业产业所生产的最终产品和劳务价值总量，为方便分类，选取林业总产值细分下的第一产业总产值、第二产业总产值和第三产业总产值代表经济效益。

从社会产出效益来看，森林具有良好的固碳能力，能够净化空气，为人类创造更加美丽宜居的居住环境。森林的发展能够带动当地基础设施建设和文化服务建设，以及提供更多的就业机会和增加从业人员的工资，丰富人类的精神文化生活和提高人类的物质生活水平（官波等，2012；伍格致等，2015）。因此，选取林业旅游总人数代表文化服务建设的效益；选取经济林产品总量代表满足人们生产、生活需要的效益；选取林业系统在岗职工年平均工资代表就业和薪酬方面的效益。

2）空间分布指标体系构建

被解释变量：由于森林碳汇的直接产出为森林碳汇量，故选取森林碳汇量为被解释变量。

核心解释变量：由于本研究对象为效率视角下的森林碳汇产出效益系统，森林碳汇活动既能够得到直接产出森林碳汇量，又能够得到额外的间接产出，而且间接产出能够以一定的方式促进森林碳汇量提升，故本章将间接产出交叉效率作为核心解释变量，研究间接产出在森林碳汇中的作用。

控制变量：由于树木的生长与环境变化有紧密的联系，植物通过光合作用吸收二氧化碳，光合作用需要在适宜的水资源、温度和光照下进行，从而对森林碳汇的发展产生影响，选取年降水量、年平均气温和年日照时数作为控制变量，如表 8-2 所示。

表 8-2　空间计量模型指标体系

	变量	符号
被解释变量	森林碳汇量	Y^{D}
核心解释变量	间接产出交叉效率	E^{I}
控制变量	年降水量	C_1
	年平均气温	C_2
	年日照时数	C_3

进一步探究间接产出交叉效率对森林碳汇的内部影响方向，由于间接产出交叉效率是由生态、经济和社会三个产出维度的交叉效率融合而来的，将核心解释变量拓展为生态产出交叉效率、经济产出交叉效率和社会产出交叉效率三个变量，如表 8-3 所示。

表 8-3　空间计量模型指标体系

	变量	符号
被解释变量	森林碳汇量	Y^D
核心解释变量	生态产出交叉效率	E^E
	经济产出交叉效率	E^F
	社会产出交叉效率	E^S
控制变量	年降水量	C_1
	年平均气温	C_2
	年日照时数	C_3

本章的被解释变量森林碳汇量的数据来自国家青藏高原科学数据中心的中国森林地上和地下植被碳储量数据集（Wang et al., 2005b），控制变量的数据来源于中国统计年鉴，核心解释变量的数据为根据表 8-2 中的指标测算得到的森林碳汇间接产出交叉效率。

为了减弱数据的波动性，使数据更加平稳，本研究对森林碳汇量、年降水量、年平均气温和年日照时数等相关指标进行对数处理，各个指标的描述性分析见表 8-4。

表 8-4　变量描述性分析

变量	样本数	平均数	标准差	最小值	最大值
$\ln Y^D$	403	14. 372	1. 998	9. 241	16. 895
E^I	403	0. 492	0. 113	0. 325	0. 827
E^E	403	0. 428	0. 171	0. 194	0. 898
E^F	403	0. 377	0. 194	0. 169	0. 942
E^S	403	0. 370	0. 151	0. 169	0. 913
$\ln C_1$	403	6. 677	0. 676	4. 980	9. 949
$\ln C_2$	403	2. 595	0. 410	1. 459	3. 250
$\ln C_3$	403	7. 581	0. 311	6. 394	8. 173

8. 3. 2　森林碳汇带动效应的交叉评价系统空间溢出研究

1）森林碳汇交叉效率评价结果

根据 7. 2. 2 节森林碳汇交叉效率的计算方法和 8. 2. 2 节的 ER 融合过程，得到各省（自治区、直辖市）的森林碳汇交叉效率空间分布图。基于时效性，研究分析了 2021 年计算结果，其余数据见附件。2021 年交叉效率的空间分布如图 8-2 ~ 图 8-4 所示。图 8-2 ~ 图 8-4 中的效率符号对应于输出指标符号，例如，$\overline{E_1^E}$ 代表森林碳汇的交叉效率，$\overline{Y_1^E}$ 代表单一产出。

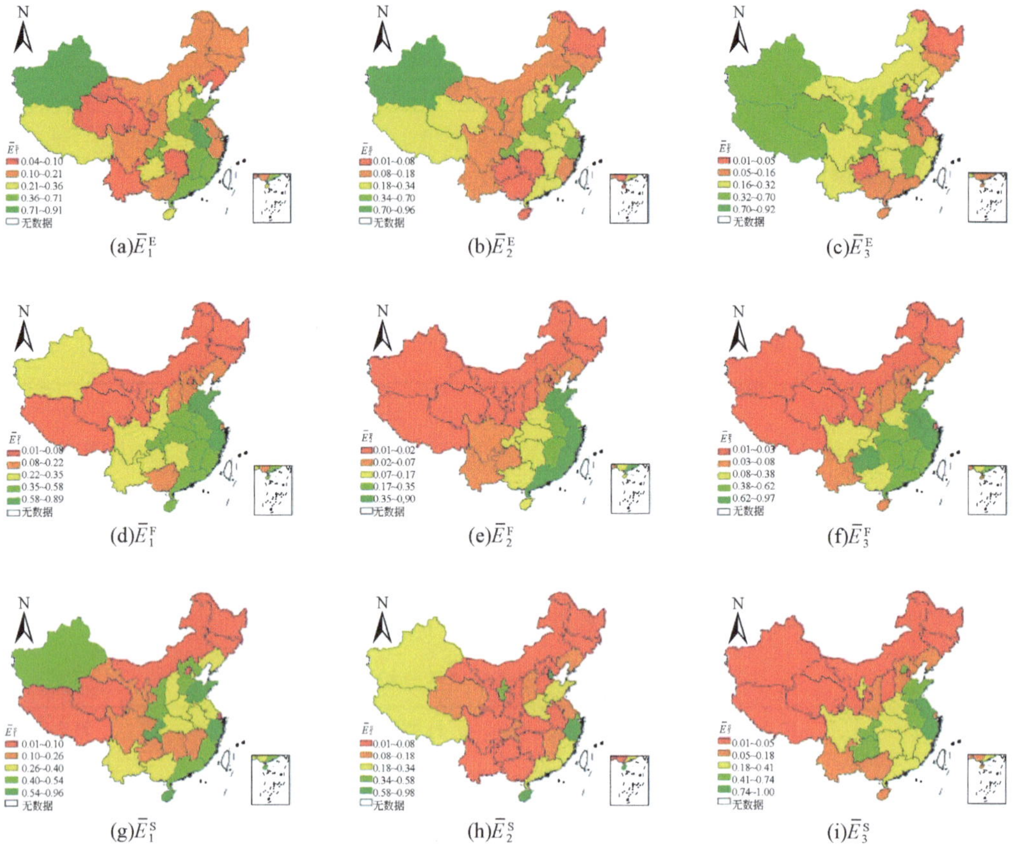

图 8-2 基于三级指标的森林碳汇交叉效率空间分布

如图 8-2 所示，使用三级指标作为单一输出的森林碳汇的交叉效率具有空间特征。

（1）如图 8-2（a）所示，森林碳汇的交叉效率中，新疆与天津的交叉效率比湖南、辽宁和青海高，交叉效率存在明显的空间特征，东南地区的交叉效率显著高于西南地区和东北地区。如图 8-2（b）所示，天津、新疆和浙江的交叉效率较高，广西、北京和黑龙江的交叉效率较低。如图 8-2（c）所示，山西、宁夏和江西的交叉效率较高，江苏、山东和黑龙江的交叉效率较低，具有明显的空间特征，西北地区的交叉效率较高。

（2）如图 8-2（d）～（f）所示，森林碳汇交叉效率空间特征明显，东部沿海地区特别是山东、江苏和浙江的交叉效率较高，西南地区的交叉效率较低，区域两极分化较为严重。

（3）如图 8-2（g）所示，山东、浙江和海南的交叉效率较高，西藏、黑龙江和吉林的交叉效率较低。如图 8-2（h）所示，天津、浙江和海南交叉效率较高，而广西、黑龙江和江苏交叉效率较低。如图 8-2（i）所示，浙江和江苏的交叉效率较高，西藏、黑龙江和内蒙古的交叉效率较低，具有明显的空间特征，东部沿海地区的交叉效率高于其他地区。

通过 ER 融合了以三级指标为单一输出的各维度下森林碳汇的交叉效率，得到各维度交叉效率的空间分布，如图 8-3 所示。

如图 8-3（a）所示，新疆和天津的交叉效率较高，北京和广西的交叉效率较低。如图

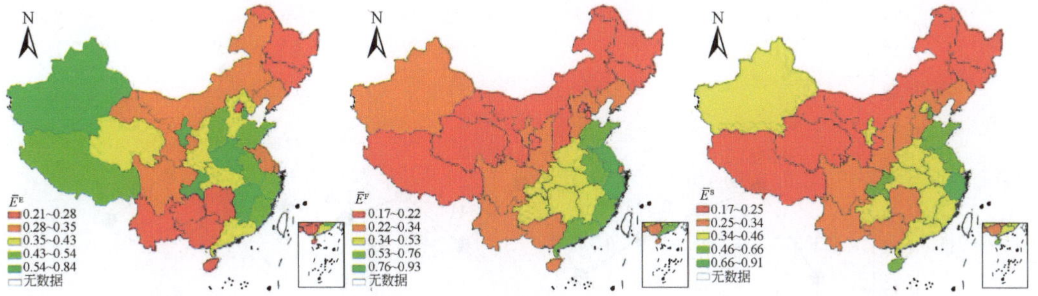

(a)$\bar{E}^{E}$　(b)$\bar{E}^{F}$　(c)$\bar{E}^{S}$

图 8-3　基于二级指标的森林碳汇交叉效率的空间分布

8-3（b）所示，东部沿海地区且特别是东南地区的交叉效率高于其他地区。如图 8-3（c）所示，浙江的交叉效率较高，黑龙江的交叉效率较低。

将生态、经济和社会维度的交叉效率进一步融合为间接产出交叉效率，得到基于一级指标的森林碳汇交叉效率的空间分布，如图 8-4 所示，其中，图 8-4（a）显示直接产出效率，图 8-4（b）显示间接产出效率。

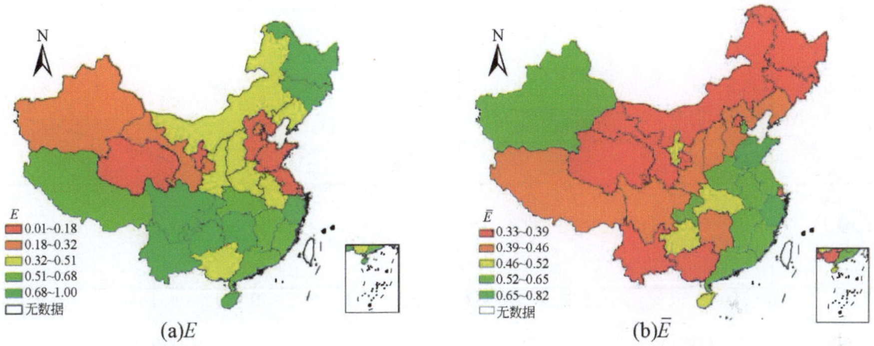

(a)E　(b)$\bar{E}$

图 8-4　基于一级指标的森林碳汇交叉效率的空间分布

如图 8-4（a）所示，云南和黑龙江的交叉效率较高，天津、山东、青海和宁夏的交叉效率较低，从空间特征来看，东北地区和南部地区的交叉效率较高。如图 8-4（b）所示，浙江的交叉效率最高，其次是山东、江苏、重庆、安徽和江西。空间特征明显，东部地区的交叉效率高于其他地区。

本研究利用 Stata18 对森林碳汇进行莫兰检验，检测各省（自治区、直辖市）森林碳汇量是否存在空间自相关性。莫兰指数及其显著性水平如图 8-5 所示，可以看出，2009 ~ 2021 年莫兰指数均为正值，并且均通过 1% 的显著性水平检验，表明我国森林碳汇量具有显著的空间正相关性。图 8-6 为我国 2009 年与 2021 年森林碳汇局部莫兰指数散点图，大部分省（自治区、直辖市）位于第一、第二、第三象限，2009 年与 2021 年 P 值通过显著性检验的省（自治区、直辖市）均为 3 个，2 个高高（云南、贵州）和 1 个低低（山东），大部分省（自治区、直辖市）森林碳汇量表现出同高或同低的趋势。

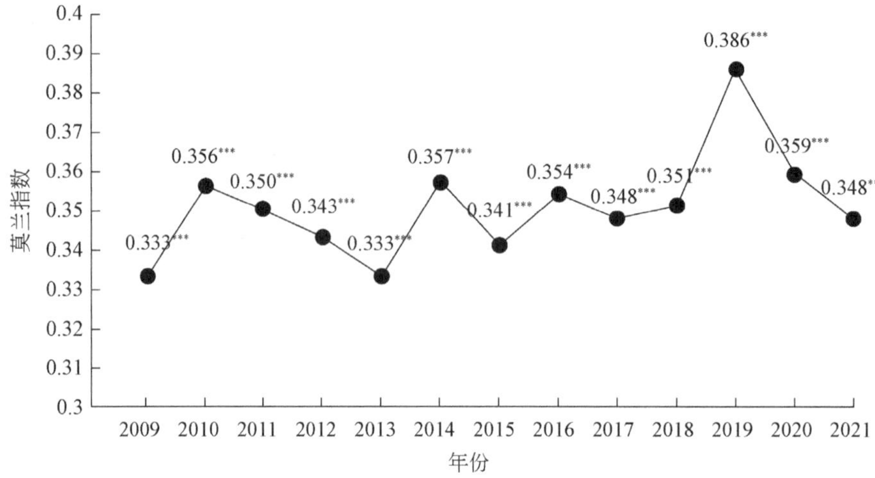

图 8-5　莫兰指数及其显著性水平

*** 表示通过 1% 的显著性水平检验

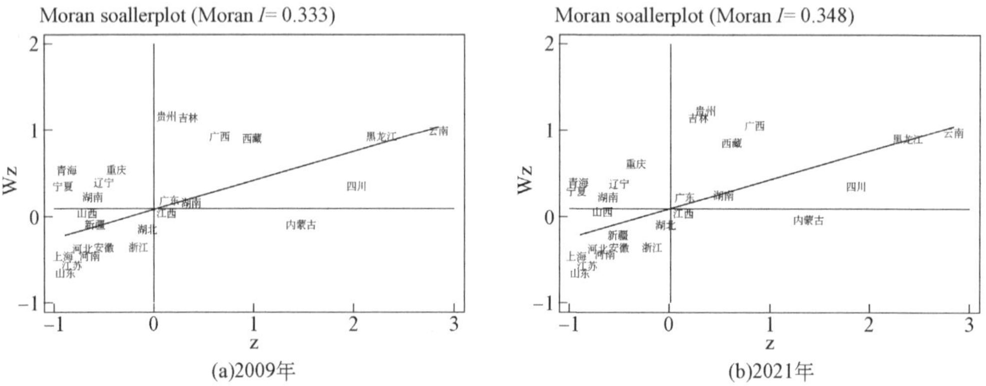

图 8-6　2009 年、2021 年森林碳汇局部莫兰指数散点图

2）中国森林碳汇的空间回归分析

根据全局和局部空间相关性的结果，我国森林碳汇在地理空间上的空间关联性显著，运用空间计量模型来分析森林碳汇的空间溢出效应以及影响因素。为确定最优的空间回归模型，本研究进行了拉格朗日乘数（LM）检验、似然比（LR）检验、Ward 检验和豪斯曼（Hausman）检验，结果如表 8-5 所示。根据测试结果，最终选择固定效应的空间杜宾模型来进行回归。

表 8-5　非空间面板数据估计和 LM 检验结果

检验	统计量	*P*
LMtest no spatial error	242.220 ***	0.000
Robust LMtest no spatial error	41.020 ***	0.000

续表

检验	统计量	P
LM test no spatial lag	206.810***	0.000
Robust LM test no spatial lag	5.610**	0.018
LR lag	40.15***	0.000
LR Err	34.42***	0.000
Wald Lg	16.29***	0.003
Wald Err	18.37***	0.001
Hausman	72.92***	0.000

注：**、***分别表示在5%和1%的显著性水平上显著。

本研究运用空间杜宾模型进行回归分析的结果如表8-6所示，在空间杜宾模型中，主要参数ρ的系数为0.385，存在明显的正向效应且通过1%的显著性水平检验，说明各地区的森林碳汇量之间具有空间溢出效应，相邻地区的森林碳汇量水平每变动1%，将会促进本地区的森林碳汇量同向变动0.385%。间接产出系统交叉效率、年降水量、年平均气温、年日照时数的空间效应分别为2.071、-1.711、-3.814、-4.075，说明间接产出系统交叉效率对相邻地区的森林碳汇量为正向影响，而年降水量、年平均气温、年日照时数对相邻地区的森林碳汇量为负向影响。

表 8-6　模型回归结果

项目	OLS	SAR	SEM	SDM
X	-7.138*** (-8.54)	-7.292*** (-8.92)	-7.365*** (-9.04)	-6.382*** (-7.87)
$\ln D$	1.062*** (5.81)	1.140*** (6.24)	1.157*** (6.62)	0.882*** (4.98)
$\ln E$	-0.961*** (-2.94)	-0.978*** (-3.03)	-0.909*** (-2.89)	-1.224*** (-3.90)
$\ln F$	-1.680*** (-4.8)	-1.724*** (-4.98)	-1.584*** (-4.74)	-1.738*** (-4.86)
$W \cdot X$				2.071 (0.88)
$W \cdot \ln D$				-1.711*** (-3.13)
$W \cdot \ln E$				-3.814*** (-3.18)

续表

项目	OLS	SAR	SEM	SDM
$W\cdot\ln F$				-4.075*** (-3.01)
λ			0.330*** (3.99)	
ρ		0.208*** (3.02)		0.385*** (4.81)
sigma2_e		2.673*** (14.16)	2.605*** (14.06)	2.375*** (14.01)
R^2	0.304	0.300	0.304	0.290

注：*** 表示在1%的显著性水平上显著；( ) 里的值为 Z 值。

然而，SDM的回归系数反映了解释变量对被解释变量的影响程度和空间溢出特征的解释能力较弱，需进一步测度直接效应、间接效应以及总效应，测度结果如表8-7所示。

表8-7　空间效应分解

项目	直接效应	间接效应	总效应
X	-6.408*** (-7.83)	-0.948 (-0.26)	-7.356* (-1.93)
$\ln D$	0.767*** (4.62)	-2.175** (-2.47)	-1.408 (-1.46)
$\ln E$	-1.493*** (-4.19)	-6.628*** (-2.87)	-8.121*** (-3.21)
$\ln E$	-2.049*** (-4.80)	-7.494*** (-3.23)	-9.543*** (-3.68)

注：*、**、*** 分别表示在10%、5%和1%的显著性水平上显著；( ) 里的值为 Z 值。

从核心解释变量对森林碳汇量的影响系数来看，间接产出系统交叉效率的直接效应系数、间接效应系数和总效应系数分别为-6.408、-0.948和-7.356，并且直接效应和总效应通过了显著性检验，而间接效应未通过显著性检验。该结果说明间接产出系统交叉效率虽然会对本地区的森林碳汇产生不利影响，但是不会阻碍相邻地区森林碳汇量的增长。

从控制变量对森林碳汇量的影响系数来看，年降水量的直接效应系数、间接效应系数和总效应系数分别为0.767、-2.175和-1.408，并且直接效应和间接效应通过了显著性检验，说明年降水量对本地区的森林碳汇量增长有推动作用，但会抑制相邻地区的森林碳汇量的增长。年平均气温和年日照时数的直接效应系数、间接效应系数和总效应系数均显著为负，年平均气温的直接效应系数、间接效应系数和总效应系数分别为-1.493、-6.628、-8.121，年日照时数的直接效应系数、间接效应系数和总效应系数分别为-2.049、

-7. 494、-9. 543，说明这两个变量对本地区和相邻地区的森林碳汇均存在负向影响。

进一步深入研究间接产出系统交叉效率对森林碳汇量的影响，由于间接产出系统交叉效率是由生态维度、经济维度和社会维度交叉效率通过 ER 融合得到的，将核心解释变量换成生态维度、经济维度和社会维度交叉效率，重新进行空间回归，得到的结果如表 8-8 和表 8-9所示。

表 8-8　模型回归结果

项目	OLS	SAR	SEM	SDM
A	-1. 461 ** (-2. 51)	-1. 498 *** (-2. 63)	-2. 060 *** (-3. 46)	-2. 563 *** (-4. 63)
B	1. 365 ** (1. 98)	1. 682 ** (2. 47)	1. 641 ** (2. 45)	1. 803 *** (2. 74)
C	-6. 498 *** (-7. 34)	-7. 026 *** (-7. 95)	-6. 369 *** (-7. 40)	-5. 710 *** (-6. 23)
ln *D*	0. 751 *** (3. 62)	0. 770 *** (3. 73)	-0. 698 *** (3. 53)	0. 568 *** (2. 85)
ln *E*	-0. 618 * (-1. 92)	0. 579 * (-1. 84)	-0. 589 * (-1. 94)	-0. 592 * (-1. 89)
ln *E*	-1. 574 *** (-4. 64)	-1. 641 *** (-4. 94)	1. 543 *** (-4. 85)	-1. 617 *** (-4. 73)
W · *A*				8. 127 *** -4. 99
W · *B*				-2. 422 (-0. 97)
W · *C*				-5. 121 * (-1. 81)
W · ln *D*				-0. 114 (-0. 17)
W · ln *E*				-0. 687 (-0. 56)
W · ln *E*				-2. 172 (-1. 63)
λ			0. 360 *** (4. 28)	
ρ		0. 230 *** (3. 44)		0. 313 *** (3. 7)
sigma2_ e		2. 440 *** (14. 16)	2. 380 *** (-4. 85)	2. 124 *** (14. 07)
R^2	0. 354	0. 349	0. 352	0. 376

注：*、**、*** 分别表示在 10%、5% 和 1% 的显著性水平上显著；( ) 里的值为 *Z* 值。

表 8-9　空间效应分解

项目	直接效应	间接效应	总效应
A	-2.161*** (-4.13)	10.230*** (4.22)	8.069*** (3.36)
B	1.620*** (2.94)	-3.089 (-0.97)	-1.469 (-0.45)
C	-5.967*** (-6.48)	-9.180*** (-2.71)	-15.147*** (-3.92)
ln *D*	0.592*** (2.6)	0.130 (0.12)	0.722 (0.61)
ln *E*	-0.714* (-1.87)	-1.272 (-0.7)	-1.986 (-0.98)
ln *E*	-1.767*** (-4.76)	-3.683** (-1.72)	-5.450** (-2.29)

注：*、**、***分别表示在10%、5%和1%的显著性水平上显著；( ) 里的值为 *Z* 值。

从生态维度交叉效率对森林碳汇量的影响系数来看，直接效应系数、间接效应系数和总效应系数分别为-2.161、10.230和8.069，表示生态维度交叉效率每变动1%，将导致本地区森林碳汇量同向变动8.069%，其中，来自本地区自变量的影响部分为-2.161%，来自相邻地区外溢效应的影响部分为10.230%，并且直接效应、间接效应和总效应均通过了1%的显著性检验。该结果说明生态维度交叉效率虽然会对本地区的森林碳汇产生不利影响，但是对相邻地区森林碳汇量的提高有着推动作用，表明当今生态环境的发展模式在一定程度上和森林碳汇量之间存在着不匹配的因素，可能是生态资源未得到有效的开发利用，没有充分地进行森林碳汇，反而抑制了森林碳汇的发展。

从经济维度交叉效率对森林碳汇量的影响系数来看，直接效应系数、间接效应系数和总效应系数分别为1.620、-3.089和-1.469，表示经济维度交叉效率每变动1%，将导致本地区森林碳汇量同向变动-1.469%，其中，来自本地区自变量的影响部分为1.620%，来自相邻地区外溢效应的影响部分为-3.089%。其中，只有直接效应通过了1%的显著性检验，间接效应和总效应均未通过10%的显著性检验，即本地区的经济维度交叉效率对相邻地区森林碳汇量的间接影响不明显。经济水平高的地区可以投入更多的资源到森林碳汇量的生产中，从而正向影响森林碳汇量的变动。进一步地，经济增长会促进技术进步，优化森林碳汇的生产过程，进而促进森林碳汇量增加。

从社会维度交叉效率对森林碳汇量的影响系数来看，无论是直接效应、间接效应还是总效应，均显著为负，直接效应系数、间接效应系数和总效应系数分别为-5.967、-9.180和-15.147，表示社会维度交叉效率每变动1%，将导致本地区森林碳汇量同向变动-15.147%，其中，来自本地区自变量的影响部分为-5.967%，来自相邻地区外溢效应的影响部分为-9.180%。直接效应、间接效应和总效应均通过了1%的显著性检验。过度的林业旅游会导致自然环境被破坏，一方面，游客在旅游过程中的不当行为可能导致自然资源的毁坏，另一方面，旅游业开发商为开发旅游项目，可能导致林地被破坏，造成生态失衡，给森林碳汇量造成不利的影响。

8.4 本章小结

间接产出交叉效率对当地森林碳汇产生负面影响，但这种不利影响并没有扩展到相邻地区的森林碳汇。由于间接产出效率根据生态、经济和社会维度的整合测算而得，因此核心解释变量进一步扩展到包括这三个维度的交叉效率，这表明间接产出交叉效率对当地森林碳汇的负面影响源于交叉效率中的生态和社会维度，经济产出交叉效率对当地森林碳固具有积极影响。中国森林碳汇的生态和社会发展模式与其相应的碳固存能力之间存在一定程度的不匹配。在生态学方面，可能是生态资源没有得到有效开发和利用，森林碳汇没有得到充分利用，反过来阻碍了森林碳汇的发展。从社会角度来看，人们对森林碳汇发展的满意度不高。因此，应采取有针对性的措施调整相关政策，以适应森林碳汇的发展。经济维度的效率对森林碳汇的变化有积极影响。此外，在环境因素方面，年降水量对该地区的森林碳汇有积极影响，但也可能阻碍相邻地区森林碳汇的增长。年平均气温和年日照时数对本地区和相邻地区的森林碳汇都有负面影响。

作为森林生态系统的产物，森林碳汇在很大程度上直接受自然因素（包括气候变化、林分条件、火灾、虫害和啮齿动物侵扰率以及造林面积）的影响。其中，气候变化和林分条件是自然生产力。现有文献中对森林固碳效率评价概念的定义不包括自然生产力。投入指标主要从资本、人力和土地三个因素中选取，并构建了效率评价模型。气候变化指标通常作为空间溢出效益的控制变量，从效率的角度考虑气候变化对空间变化的影响。此外，害虫、疾病和啮齿动物会改变树木的生理和外部形态，导致生长减弱甚至死亡。在这种情况下，森林植被将转变为碳源，并失去碳汇能力。因此，本书将其视为产出效益的负面指标。森林火灾会导致大量的碳排放，但由于其自然发生的随机性，良好性能的经济定义并不明确，因此尚未纳入效率评估模型。目前的效率计算结果表明，在相同的投入规模下，病虫害较为普遍的地区森林碳汇的生态产出效益较低。

对于处于不同林龄阶段的森林，相应的森林保护措施不同，相应的资本投入也大不相同。例如，根据《2023 年中央财政造林和森林保护补助》，中国重点试点森林经营的投资标准如下：幼龄林保护 460 元/亩，中龄林保护 410 元/亩；低产低效林改造 1000 元/亩。因此，如果能够对不同的森林年龄阶段进行效率分析，就可以更准确地评估中国现有的森林碳汇发展。然而，由于不同森林分区的影响、政府管理补贴无法提供全面覆盖以及森林管理主体的差异，在省级层面，现有文献对不同年龄段森林苗圃的资本投入估计非常粗略，例如，幼林苗圃的资本投入波动范围在 100 ~ 300 元。由于缺乏准确的数据，本章在模型构建过程中未能进一步考虑到森林年龄分布的特征。即使将本章内容改为以小组为研究单位，通过现场调查和实际研究可以获得准确的数据，也只能衡量某地区森林碳汇的效率。由于上述森林碳汇的多重效益之间存在强烈的区域循环性，因此在考虑森林碳汇多重效益研究的空间特征的基础上，只能选择扩大研究范围，放弃以森林年龄为指标，选择以省级为研究单位。

根据上述研究结论，我国在发展森林碳汇时有以下启示。

一是要针对森林碳汇绩效水平制定差异化政策。第一，针对森林碳汇绩效水平较低地区，优先发展林业基础建设。调整森林轮伐期，实施多功能管理方法，提高高碳固存树种的比例，完善森林管理体制机制。注重森林质量的提升，在育林过程中，注重优化林分结构，种植优势树种，提高森林病虫害防治水平，开展退化森林恢复工作，引进固氮树种，增加单位面积森林蓄积量和生长量，稳步提高森林经营水平，避免“重造林轻经营，重栽树轻管护”现象。第二，针对森林碳汇绩效水平较高的地区，维持现有的森林碳汇优势，探索碳交易市场的建设路径，制定用户友好的程序，加强森林火灾的预防和监督、病虫害防治和监督，开发林业数字平台，完善林权转让服务流程。

二是，针对空间溢出效应的结果进行相应的政策调整。社会维度交叉效率对森林碳汇的总效应影响为负，说明要进一步提高居民对林业发展的满意度，收入是改善居民满意度的物质基础，政府要积极制定相关政策，促进林业从业人员收入的同步增长，完善对口援助机制，给予林业从业人员家庭补助，提高林业从业人员的工作积极性。开发碳汇价值多途径实现模式，大力推进森林旅游、森林休闲等新型项目建设，在游客进行参观时向游客宣传森林碳汇的必要性以及节能减排的具体方式，增加人们的认同感。生态维度交叉效率对本地区的森林碳汇存在显著的负向影响，表明当今生态环境的发展模式在一定程度上和森林碳汇之间存在着不匹配的因素，未能很好地与森林碳汇融合发展，各省（自治区、直辖市）要因地制宜地进行林业政策改革，结合本省（自治区、直辖市）的森林资源禀赋和地形地势进行林业发展的空间规划，实施差异化林业政策，促进森林碳汇水平的提升。

本章评价了中国森林碳汇的综合效益，并根据评价结果进行了空间特征分析。然而，将所有指标的权重设置为相等，没有考虑到证据推理方法中指标的重要程度不同。与指标相关的权重信息可以为制定森林碳汇发展的决策方案提供有价值的见解。森林碳汇的负产出指标中没有考虑到森林火灾。未来，可以采用主观和客观相结合的方法来分配权重，从而更细致地了解如何在考虑地区空间特征的情况下，最大限度地提高森林碳汇的综合效益。森林火灾的经济属性可以通过将林分条件作为异质性的先决条件来重新定义。

第9章 结论与展望

9.1 结　论

森林碳汇在全球气候变化应对中具有举足轻重的作用，其固碳能力占陆地生态系统的80%以上，是实现碳中和目标的核心手段。然而，当前中国森林碳汇的发展仍面临技术开发难度大、森林资源质量低、病虫害危害严重以及区域自然条件不均衡等诸多挑战。本书通过多个章节的深入分析，从森林碳汇的驱动因素、时空演变特征、交叉效率评价以及空间溢出效应等多方面全面探讨了森林碳汇问题。本书不仅揭示了森林碳汇的驱动因素及其时空演变特征，还从效率视角对森林碳汇进行了预测分析，并提出了针对性的政策建议和优化方案。这些研究成果为提升森林碳汇经营管理的科学性提供了理论支持和实践指导。

1）森林碳汇效率测算以及时空分布

本书深入探讨了森林碳汇效率的评估，既单独审视了森林碳汇的关键要素（如森林面积、固碳能力等），又综合考量了多种投入因素（包括劳动力、资本、技术等）与产出效益（如森林碳汇量、生态价值等）。在评估过程中，本书采用了DEA框架下的先进方法，具体运用了谢泼德距离函数和全要素生产函数等手段，以实现全面而精准的综合评价。为进一步规避自我评价中可能存在的效率高估问题，本书还引入了交叉效率评价方法，并创新性地利用粗糙集理论中的条件熵来构建交叉效率集结模型。这一模型不仅科学合理地反映了自我评价与交叉评价之间的序关系，还显著提升了评估结果的准确性和差异化程度，确保了评价体系的公正性和客观性。通过综合运用多种效率评价方法，本书从多个维度对中国森林碳汇效率进行了精确测算，不仅展现了森林碳汇效率的复杂性和多样性，还为中国森林碳汇管理提供了有力的数据支持和决策依据。

通过单一要素效率评价的分析框架，本书发现森林面积的扩张对森林碳汇效能的提升具有直接且显著的正面效应，这一发现深刻揭示了森林生态系统健康状况及其固碳能力的内在联系，为森林管理与保护策略的科学制定提供了重要的实证基础。进一步地，全要素效率评价的结果揭示了不同地理区域间森林碳汇效能的显著差异性，这种差异可归因于资源禀赋、技术水平以及管理效能等多方面因素的综合作用。此外，采用交叉效率评价方法进行的研究还揭示了我国林业绿色经济发展存在的区域不平衡性，具体表现为各省（自治区、直辖市）在生态、经济、社会及可持续性四个核心维度上的表现呈现出显著的异质性，特别是部分省（自治区、直辖市）对林业经济的高度依赖导致其经济效率相对较高，但在其他维度上的表现不尽如人意。这些研究成果不仅深化了人们对森林碳汇效能及其影响因素的理解，还为制定差异化的区域森林碳汇提升策略提供了坚实的理论支撑和实证依据。

2）森林碳汇变化的驱动因素分析

本书围绕考虑生产技术效率的森林碳汇展开，采用了先进的 PDA 模型作为主要分析工具。PDA 模型是一种能够深入剖析生产活动各组成要素对总产量变化贡献的量化方法，特别适用于解析如森林碳汇这类复杂生态系统的动态变化。通过构建这一模型，本研究成功地将森林碳汇增量的变化分解为技术进步、病虫害变化、碳汇效率等多个关键驱动因素，实现了对森林碳汇增量来源的精细刻画。同时，本书还结合 GIS 技术和时空数据分析方法，对全国不同区域的森林碳汇增量进行了动态监测和比较分析，揭示了其时空演变特征。这种方法论上的创新不仅提高了研究的科学性和准确性，还为后续相关研究提供了可借鉴的分析框架。

应用 PDA 模型的分析结果显示，森林碳汇在全球气候变化应对中的重要作用得到了进一步证实，其固碳能力占陆地生态系统的 80% 以上，是实现碳中和目标不可或缺的核心手段。然而，中国森林碳汇的发展仍面临一系列严峻挑战，包括技术开发难度大、森林资源质量参差不齐、病虫害危害频发以及区域自然条件差异显著等。这些挑战严重制约了森林碳汇的高质量发展。具体而言，技术进步被识别为推动森林碳汇量提升的关键因素之一，尤其在东部地区，其科技创新水平高、技术投入能力强，有效促进了森林碳汇量的快速增长。相反，病虫害成为制约多数省（自治区、直辖市）森林碳汇提升的重要障碍，尤其在中部和西部地区，病虫害的频发和严重程度对森林碳汇量的增长产生了显著的抑制作用。此外，碳汇的技术效率在多数省（自治区、直辖市）仍存在较大的提升空间，表明当前森林碳汇的生产技术和管理水平仍有待进一步提高。从区域分布来看，全国森林碳汇增量呈现出明显的动态波动和不均衡特征。中部和西部地区的森林碳汇增量波动较大，而东部地区森林碳汇增量相对稳定。西部地区虽然森林资源丰富，但受自然条件、经济发展水平等多种因素影响，其碳汇增量并不高，并且重心逐渐从西南向东北转移。这种不均衡的分布特征不仅反映了各地区在森林碳汇发展上的差异性，还为制定针对性的区域森林碳汇提升策略提供了重要依据。

3）中国森林碳汇区间效率多阶段改进

本书创新性地提出了效率补偿机制，该机制通过精心设定的相容约束条件成功构建了基于最佳生产可能集和最差生产可能集的交互式效率评价模型。这一模型有效解决了区间数据包络分析中因投入产出数据为区间数而导致的正向及负向溢出问题。在传统分析中，评价参照的生产可能集与被评 DMU 生产点往往不一致，进而引发显著的溢出效应。本书所构建的模型显著减少了这种不一致性带来的评价偏差。本书进一步通过一般区间效率和基准区间之间的可能度定义，量化了评价结果的溢出度，并结合溢出度概念，创新性地定义了决策单元效率的可达性。这一理论贡献为区间标杆面的构建提供了坚实的理论基础，使标杆面的设定更加科学合理。此外，本书提出了一种针对区间数据的资源优化配置方法，该方法专注于设计 DMU 从最差生产点逐步优化至最佳生产集边界的分阶段改进计划。具体而言，该方法首先依据 DMU 的异质性进行合理分组，并根据其效率值进行细致分类，其次通过综合考虑 DMU 的最差和最佳生产状态精心构建了多个标杆面，以供后续优化参考。在分阶段改进计划的实施过程中，本书方法会根据每个 DMU 的所属组和类型，为其选择合适的基准面，并利用所构建的模型精确计算每个阶段的标杆点。这一系统化的改进策略不仅提升了资源优化配置的精准性和有效性，还为 DMU 的持续改进和效率提升提供了明确的方向和路径。

我国森林碳汇资源配置的区域分布情况呈现出显著的差异性。基于区间效率评价结果，选取了上海、浙江、江苏、广东、海南、云南、贵州和山东 8 个省（直辖市）作为标杆。这些标杆省（直辖市）在森林碳汇发展中展现出独特的经济优势、资源优势或管理优势。在东部地区，如北京和上海等经济高度发达的城市，由于城市化水平较高，造林面积相对有限，这在一定程度上制约了森林碳汇的发展。因此，这些地区被归类为组内改进型，意味着它们在实现森林碳汇增量目标方面需要做出重大改进，特别是在林业投资领域需要大幅增加投入。相比之下，一些森林覆盖率较高的省（自治区、直辖市），如辽宁、浙江、福建、吉林、黑龙江、广东、广西、海南和云南，拥有利于森林碳汇发展的良好自然条件。这些省（自治区、直辖市）在森林碳汇资源配置上相对较为优越，被归类为全局改进型。它们在进行森林碳汇效率提升时，可能仅需进行第二阶段的改进即可，特别是黑龙江和云南，这两个省不但森林覆盖率高，而且森林面积也位居全国前列，因此具有更强的森林碳汇生产能力。然而，在西部地区，如宁夏、青海和甘肃等省（自治区、直辖市），在森林碳汇资源配置上处于相对劣势。这些地区的森林覆盖率和造林面积均较低，要实现森林碳汇增量目标，需要进行大量的改进工作。不过，值得注意的是，云南在西部地区中是一个特例。云南虽然地处西部，但拥有非常有利的自然条件，其森林碳汇发展潜力巨大，甚至可能仅需一个阶段的改进就能实现最终目标，并有望带动整个西部地区的技术水平提升。综上所述，我国森林碳汇资源配置的区域分布差异显著，不同省（自治区、直辖市）在森林碳汇发展中展现出各自的优势与劣势。通过科学评价和合理分类，可以为各省（自治区、直辖市）制定针对性的森林碳汇提升策略，从而推动我国森林碳汇事业的持续发展。

4）森林碳汇效率的带动效益以及空间溢出效应研究

本书从生态、经济和社会三个维度选取指标，探讨了森林碳汇的直接和间接产出效益。从同行评价的角度来看，本研究计算了森林碳汇的直接交叉效率和间接交叉效率。此外，分析了间接效率的空间溢出效应对森林碳汇直接产出的影响，并探讨了不同维度的交叉效率如何影响不同地区森林碳汇的交叉效率。

本研究结果表明中国各省（自治区、直辖市）森林碳汇的交叉效率存在显著的区域差异，并伴有明显的空间相关性。在直接产出效益方面，东部地区的交叉效率高于西北地区。至于间接产出效益，新疆和天津的生态交叉效率相对较高，而北京和广西的生态交叉效率较低。东部沿海地区的经济维度表现尤为突出，与其他地区相比具有显著优势。浙江在社会维度上表现较好，而黑龙江较差。中国的森林碳汇表现出显著的正向溢出效应。间接产出的交叉效率、温度和日照对当地森林碳汇产生显著负面影响，而年降水量对其产生正面影响。此外，年降水量、温度和日照对相邻地区产生了不利影响。生态和社会维度的交叉效率对当地森林碳汇产生显著的负面影响，而经济维度的交叉效率对当地森林碳汇产生正面影响。生态维度的交叉效率对相邻地区的森林碳汇产生正面影响，而社会维度的交叉效率对相邻地区的森林碳汇产生负面影响。然而，经济维度的交叉效率对相邻地区的森林固碳影响不显著。

9.2 展　　望

本书深入探讨了森林碳汇的多维度产出效益及其优化配置策略，通过构建考虑异质性的多阶段区间资源优化配置模型揭示了森林碳汇的驱动因素及其时空演变特征，还从效率视角对森林碳汇进行了预测分析，并提出了针对性的政策建议和优化方案。这些研究成果为提升森林碳汇经营管理的科学性提供了理论支持和实践指导。本研究过程中也认识到了一些局限性，如数据获取难度、抑制性影响因素考虑不充分等。因此，本书对未来研究进行如下展望。

1）森林碳汇效率评价方法深化与拓展

本书已从生态、经济和社会三个维度探讨了森林碳汇的产出效益，未来可以进一步深化这一体系，纳入更多细化的指标，如生物多样性保护、土壤保持、水资源管理等，以全面反映森林碳汇的多功能性。引入新的效率评价方法，如结合人工智能、大数据分析等技术，提高评价的准确性和效率。动态评价与静态评价相结合：在现有研究基础上，继续完善森林碳汇效率的时空演变规律分析，结合静态效率评价方法和动态效率评价方法，如Malmquist 指数法等，更全面地揭示森林碳汇效率的变化趋势和驱动因素。考虑异质性的评价模型：针对不同地区、不同林区的异质性特征，构建更加精细化的评价模型，以反映不同地区森林碳汇效率的实际情况和潜在改进空间。

2）应用研究的深化与拓展

基于森林碳汇效率评价结果，为政府和相关机构提供科学、合理的政策建议，指导森林资源的优化配置和可持续发展。推动制定差异化的林业发展政策，根据不同地区的实际情况，提出针对性的森林碳汇增长策略。在森林碳汇项目管理中，应用效率评价方法，对项目的投入产出进行实时监测和优化，提高项目的整体效益，探索森林碳汇项目的长期效益和可持续性，为项目的长期运营提供科学依据。推动生态学、经济学与管理学等学科的交叉融合，形成综合性的研究框架和方法体系，为森林碳汇效率评价提供更全面的视角和工具。

综上所述，未来对森林碳汇效率方法以及应用研究的展望将集中在效率评价方法的创新与完善、应用研究的深化与拓展以及跨学科研究的融合与创新等方面。通过这些努力，我们可以为“双碳”目标的实现提供更加坚实的科学支撑和实践指导。

附　录

附录5-1

定理5-3 如果 $\theta_d^{\mathrm{UIELU}*}$ 和 $\theta_d^{\mathrm{UIELU}*}$ 分别是模型（5-9）和模型（5-10）的最优值，$\theta_d^{\mathrm{LU}*}$ 和 $\theta_d^{\mathrm{UL}*}$ 分别是模型（5-3）和模型（5-2）的最优值，会有 $\theta_d^{\mathrm{UIELU}*} \leqslant \theta_d^{\mathrm{LU}*}$ 和 $\theta_d^{\mathrm{UL}*} \leqslant \theta_d^{\mathrm{UIELU}*}$。

证明：对于结论 $\theta_d^{\mathrm{UIELU}*} \leqslant \theta_d^{\mathrm{LU}*}$ 显然是成立的，因为模型（5-3）的约束被包含在模型（5-9）的约束中。

让一组权重 μ_r'，ω_i'，$i=1$，…，m；$r=1$，…，$s \geqslant 0$. 是模型（5-2）$\sum_{i=1}^{m} \omega'_i x_{ij}^{\mathrm{U}} - \sum_{r=1}^{s} \mu'_r y_{rj}^{\mathrm{L}} \geqslant \sum_{i=1}^{m} \omega'_i x_{ij}^{\mathrm{L}} - \sum_{r=1}^{s} \mu'_r y_{rj}^{\mathrm{U}} \geqslant 0$，$(j=1$，…，$n)$，$\theta_j^{\mathrm{UL}*} \sum_{i=1}^{m} \omega'_i x_{ij}^{\mathrm{U}} - \sum_{r=1}^{s} \mu'_r y_{rj}^{\mathrm{L}} = 0$ 的最优解。因为 $\theta_j^{\mathrm{LL}*} \geqslant \theta_j^{\mathrm{UL}*}$，所以 $\theta_j^{\mathrm{LL}*} \sum_{i=1}^{m} \omega'_i x_{ij}^{\mathrm{U}} - \sum_{r=1}^{s} \mu'_r y_{rj}^{\mathrm{L}} \geqslant 0$ 成立。此外，μ'_r，ω'_i，$i=1$，…，m；$r=1$，…，$s \geqslant 0$. 是模型(5-1)的可行解，这意味着 $\sum_{r=1}^{s} \mu'_r y_{rj}^{\mathrm{U}} - \theta_j^{\mathrm{UU}*} \sum_{i=1}^{m} \omega'_i x_{ij}^{\mathrm{L}} \leqslant 0$。约束条件得到满足，由于 $\sum_{r=1}^{s} \mu'_r y_{rj}^{\mathrm{U}} - \theta_j^{\mathrm{UU}*} \sum_{i=1}^{m} \omega'_i x_{ij}^{\mathrm{L}} \leqslant \theta_j^{\mathrm{LL}*} \sum_{i=1}^{m} \omega'_i x_{ij}^{\mathrm{U}} - \sum_{r=1}^{s} \mu'_r y_{rj}^{\mathrm{L}}$，$j=1$，…，$n$，，可以得出结论 μ'_r，ω'_i，$i=1$，…，m；$r=1$，…，$s \geqslant 0$. 是模型(5-10)的可行解，即 $\theta_d^{\mathrm{UL}*} \leqslant \theta_d^{\mathrm{UIELU}*}$。证毕。

定理5-4 如果 $\theta_d^{\mathrm{UL}*}$ 和 $\theta_d^{\mathrm{LU}*}$ 分别是模型（5-2）和模型（5-3）的最优值，$\theta_d^{\mathrm{CIEU}*}$ 和 $\theta_d^{\mathrm{CIEL}*}$ 分别是模型（5-11）和模型（5-12）的最优值，那么 $\theta_d^{\mathrm{CIEL}*} \geqslant \theta_d^{\mathrm{UL}*}$，$\theta_d^{\mathrm{CIEU}*} \leqslant \theta_d^{\mathrm{LU}*}$。

证明：设 $\theta_d^{\mathrm{UL}*}$ 和 $\theta_d^{\mathrm{LU}*}$ 分别是模型（5-2）和模型（5-3）的最优值，$\theta_d^{\mathrm{CIEU}*}$ 和 $\theta_d^{\mathrm{CIEL}*}$ 分别是模型（5-11）和模型（5-12）的最优值。首先，模型（5-3）和模型（5-11）相比，模型（5-3）的约束被包含在模型（5-9）的约束中。这意味着模型（5-3）的最优权重解是模型（5-11）的可行解，所以结论 $\theta_d^{\mathrm{CIEU}*} \leqslant \theta_d^{\mathrm{LU}*}$ 显然成立。

接下来，证明 $\theta_d^{\mathrm{CIEL}*} \geqslant \theta_d^{\mathrm{UL}*}$。让一组权重 $\mu_r^{\mathrm{U}'}$，$\omega_i^{\mathrm{U}'}$，$i=1$，…，m；$r=1$，…，$s \geqslant 0$. 为模型（5-2）$\sum_{i=1}^{m} \omega_i^{\mathrm{U}'} x_{ij}^{\mathrm{U}} - \sum_{r=1}^{s} \mu_r^{\mathrm{U}'} y_{rj}^{\mathrm{L}} \geqslant \sum_{i=1}^{m} \omega_i^{\mathrm{U}'} x_{ij}^{\mathrm{L}} - \sum_{r=1}^{s} \mu_r^{\mathrm{U}'} y_{rj}^{\mathrm{U}} \geqslant 0$ $(j=1$，…，$n)$ 的最优解，这意味着这一组权重也是模型（5-1）、模型（5-3）和模型（5-4）的可行解。根据定理5-2，以下不等式成立：$\theta_j^{\mathrm{UU}*} \sum_{i=1}^{m} \omega_i^{\mathrm{U}'} x_{ij}^{\mathrm{U}} - \sum_{r=1}^{s} \mu_r^{\mathrm{U}'} y_{rj}^{\mathrm{L}} \geqslant 0 \geqslant \sum_{r=1}^{s} \mu_r^{\mathrm{U}'} y_{rj}^{\mathrm{U}} - \theta_j^{\mathrm{LL}*} \sum_{i=1}^{m} \omega_i^{\mathrm{U}'} x_{ij}^{\mathrm{L}}$ $\theta_j^{\mathrm{LU}*} \sum_{i=1}^{m} \omega_i^{\mathrm{U}'} x_{ij}^{\mathrm{U}} -$

$\sum_{r=1}^{s}\omega_i^{U'}y_{rj}^{L} \geqslant \sum_{r=1}^{s}\mu_r^{U'}y_{rj}^{U} - \theta_j^{UL^*}\sum_{i=1}^{m}\omega_i^{U'}x_{ij}^{L} = 0(j = 1, \cdots, n)$。因此，这组权重也是模型（5-12）的可行解，也就是说，$\theta_d^{CIEL^*} \geqslant \theta_d^{UL^*}$。证毕。

附录 5-2

附表 5-1　森林碳汇效率投入产出区间数据

省（自治区、直辖市）	林业系统年末从业人员数（x_1）/人		林业固定资产投资完成额（x_2）/万元		林地面积（x_3）/hm^2		森林碳汇量（y_1）/万 t	
	L	*U*	*L*	*U*	*L*	*U*	*L*	*U*
北京	8 216	8 509	1 052 474	1 157 721	58. 81	101. 35	21. 794 22	26. 637 38
天津	763	1 029	29 878	32 865. 8	11. 16	15. 62	11. 873 87	14. 512 51
河北	20 725	24 108	4 671	5 138. 1	439. 33	718. 08	215. 176 1	262. 993
山西	22 790	24 369	17 257	18 982. 7	282. 41	765. 55	195. 067 1	238. 415 3
内蒙古	89 669	90 630	51 254	56 379. 4	2 487. 9	4 398. 89	973. 451 8	1 189. 774
辽宁	26 690	28 110	54 350	59 785	557. 31	699. 89	229. 965 6	281. 069
吉林	93 074	94 252	42 330	46 563	763. 87	856. 19	333. 177 3	407. 216 7
黑龙江	252 449	253 987	1 068 658	1 175 524	1 962. 13	2 207. 4	776. 52	949. 08
上海	1 259	1 556	64 443	70 887. 3	6. 81	7. 73	13. 996 87	17. 107 29
江苏	14 031	16 539	151 012	166 113. 2	162. 1	178. 7	166. 590 9	203. 611 1
浙江	9 659	11 469	7 718	8 489. 8	601. 36	660. 74	259. 433 8	317. 085 7
安徽	21 268	24 177	273 659	301 024. 9	380. 42	443. 18	217. 750 9	266. 14
福建	19 869	21 246	30 703	33 773. 3	801. 27	926. 82	338. 362 2	413. 553 8
江西	35 015	37 113	24 679	27 146. 9	1 001. 81	1 069. 66	335. 008 9	409. 455 3
山东	19 757	23 701	54 286	59 714. 6	254. 6	331. 26	219. 997 5	268. 885 8
河南	28 067	32 831	18 796	20 675. 6	359. 07	504. 98	222. 801 9	272. 313 4
湖北	26 247	28 649	188 436	207 279. 6	713. 86	849. 85	329. 243 2	402. 408 3
湖南	43 899	47 012	382 471	420 718. 1	1 011. 94	1 252. 78	419. 252	512. 419 1
广东	25 526	28 893	7 413	8 154. 3	906. 13	1 076. 44	520. 806 2	636. 541
广西	38 251	40 732	8 850 982	9 736 080	1 342. 7	1 527. 17	630. 089 8	770. 109 7
海南	4 865	5 254	775	852. 5	187. 77	214. 49	84. 792 76	103. 635 6
重庆	6 513	7 618	40 509	44 559. 9	316. 44	406. 28	140. 510 5	171. 735
四川	40 917	45 002	182 437	200 680. 7	1 703. 74	2 328. 26	778. 082 1	950. 989 2
贵州	14 923	16 855	8 676	9 543. 6	653. 35	861. 22	377. 786	461. 738 5

续表

省（自治区、直辖市）	林业系统年末从业人员数（x_1）/人		林业固定资产投资完成额（x_2）/万元		林地面积（x_3）/hm^2		森林碳汇量（y_1）/万 t	
	L	*U*	*L*	*U*	*L*	*U*	*L*	*U*
云南	30 474	33 033	140 193	154 212.3	1 914.19	2 501.04	1 015.939	1 241.703
陕西	33 835	35 492	284 472	312 919.2	853.24	1 228.47	310.059 9	378.962 1
甘肃	36 763	38 171	199 480	219 428	507.45	1 042.65	369.103 8	451.126 8
青海	4 086	4 367	89 769	98 745.9	406.39	808.04	274.115 4	335.029 9
宁夏	8 248	8 535	7 747	8 521.7	61.8	180.1	36.359 69	44.439 63
新疆	18 613	19 851	561 486	617 634.6	698.25	1 099.71	744.965	910.512 8

注：*L* 为区间数下界；*U* 为区间数上界。

附表 5-2　不同模型下向上溢出比

DMU	传统模型向上溢出比	单侧调整向上溢出比	双侧调整向上溢出比
北京	0.5157	0.2318	0.1159
天津	0.6099	0.2768	0.1900
河北	0.4559	0.2036	0.0723
山西	0.5642	0.2571	0.1054
内蒙古	0.4710	0.2056	0.0719
辽宁	0.4968	0.2250	0.0829
吉林	0.5531	0.2473	0.0968
黑龙江	0.5043	0.2276	0.1158
上海	0.4698	0.2091	0.1409
江苏	0.4464	0.1963	0.1221
浙江	0.4343	0.1958	0.0979
安徽	0.5895	0.2697	0.1844
福建	0.5132	0.2403	0.1148
江西	0.4700	0.2089	0.0700
山东	0.5625	0.2545	0.1386
河南	0.5469	0.2419	0.0925
湖北	0.5594	0.2510	0.1058
湖南	0.5747	0.2568	0.1187
广东	0.4500	0.2021	0.1083
广西	0.7763	0.3510	0.1755
海南	0.3830	0.1721	0.0905

续表

DMU	传统模型向上溢出比	单侧调整向上溢出比	双侧调整向上溢出比
重庆	0. 5839	0. 2706	0. 1659
四川	0. 5362	0. 2520	0. 1265
贵州	0. 5341	0. 2518	0. 1403
云南	0. 5067	0. 2107	0. 1146
陕西	0. 5699	0. 2549	0. 1086
甘肃	0. 5489	0. 2531	0. 1421
青海	0. 8877	0. 4493	0. 3473
宁夏	0. 5388	0. 2450	0. 0985
新疆	0. 8111	0. 3757	0. 2862

参考文献

陈磊，郭旭，王应明．2023．方向距离函数中最优内生方向与改进路径的确定方法．https://doi.org/10.16381/j.cnki.issn1003-207x.2022.1912[2025-01-22].

陈磊，王应明．2015．基于松弛变量方法的动态网络系统效率测度及分解．系统科学与数学，35（3）：361-370.

陈磊，王应明．2018．基于前景理论的交叉效率集结方法．系统科学与数学，38（11）：1307-1316.

陈永喆，冯晓明，傅伯杰．2023．中国森林地上和地下植被碳储量数据集（2002—2021）．https://data.tpdc.ac.cn/zh-hans/data/fa3e5766-95a4-4de2-9d45-f51f917b73d9[2023-02-28].

程幼明，王慧颖，张孝琪．2021．基于群决策考虑属性效用一致性的DEA他评交叉效率公共权重排序法．控制与决策，36（9）：2279-2289.

崔海鸥，刘珉．2020．我国第九次森林资源清查中的资源动态研究．西部林业科学，49（5）：90-95.

杜涛，冉伦，李金林，等．2017．基于效率的组织多属性决策及实证研究：DEA-TOPSIS组合方法．中国管理科学，25（7）：153-162.

杜雪莲，袁铭，彭伟辉．2024．我国森林生态产品价值实现的模式、困境及建议．会计之友，（5）：87-92.

杜之利，苏彤，葛佳敏，等．2021．碳中和背景下的森林碳汇及其空间溢出效应．经济研究，56（12）：187-202.

范建平，赵园园，吴美琴．2017．基于决策单元异质性的群组交叉效率评价方法．计算机工程与应用，53（16）：241-248.

付伟，李龙，罗明灿，等．2023．省域视角下中国森林碳汇空间外溢效应与影响因素．生态学报，43（10）：4074-4085.

付伟，罗明灿，陈建成．2021．碳足迹及其影响因素研究进展与展望．林业经济，43（8）：39-49.

谷建龙，赖于民．2022．碳汇中和旅游碳足迹助力乡村振兴的路径构思．中国软科学，（S1）：102-107.

官波，施择，宁平，等．2012．森林碳汇制度对云南桥头堡建设的提升作用．生态经济，（7）：66-69.

何霄．2023．数据驱动下森林碳汇指标体系设计及效率评价研究．福州：福建农林大学．

胡庆红，王应明．2014．基于信息熵的DEA交叉效率综合评价．科技管理研究，34（6）：54-60.

黄庆华，潘婷，胡江峰．2022．环境约束下中国工业技术进步方向识别及影响因素．中国人口·资源与环境，32（6）：123-135.

黄衍，王应明，林健．2020．基于广义梯形模糊数相似度的交叉效率集结．系统工程理论与实践，40（1）：240-250.

李春好，苏航．2013．基于交叉评价策略的DEA全局协调相对效率排序模型．中国管理科学，21（3）：137-145.

李怒云，郑小贤，李金良，等．2016．碳汇城市评价指标体系研究．林业资源管理，（4）：1-4.

李艳梅，孙丽云，杨涛．2017．西藏林业碳汇经济价值评估及实现机制探讨．中国藏学，（1）：128-132.

李勇，高岚．2021．中国“碳中和”目标的实现路径与模式选择．华南农业大学学报（社会科学版），20（5）：77-93.

李勇军，蔡华权．2021．基于Shephard距离函数的DEA TOPSIS方法研究．运筹与管理，30（5）：116-121.

刘国华，傅伯杰，方精云．2000．中国森林碳动态及其对全球碳平衡的贡献．生态学报，（5）：733-740.

刘浩，余琦殷．2022．我国森林生态产品价值实现：路径思考．世界林业研究，35（3）：130-135．
刘凯，江世浩，朱文珏．2015．广东省森林碳汇量估算及其空间效应分析．中国农业资源与区划，36（3）：120-126．
刘珉，陈文汇，刘智慧．2016．林业绿色经济评价研究指标框架与试算．林业经济，38（2）：3-10．
刘鹏，王莉芳，许燕．2019．基于"专家打分法"的 DEA 交叉效率聚集方法．科技管理研究，39（2）：248-253．
柳江，霍治方．2020．基于 PCA-SE_ DEA-Malmquist 的甘肃省县域经济效率标杆改进研究．地域研究与开发，39（1）：46-50．
龙飞，沈月琴，吴伟光，等．2013．区域林地利用过程的碳汇效率测度与优化设计．农业工程学报，29（18）：251-261．
梅鑫南，王应明．2002．基于前景理论和熵权法的交叉效率集结方法．运筹与管理，31（7）：35-41．
潘竟虎，文岩．2015．中国西北干旱区植被碳汇估算及其时空格局．生态学报，35（23）：7718-7728．
齐林，周小林．2018．气候变化视角下我国林业投资效率研究．中国软科学，330（6）：35-46．
舒明远，吴家治，李晨阳，等．2022．天保工程区森林碳汇效率演进分析．林业经济问题，42（5）：490-497．
宋美琼，程秋旺，陈钦，等．2022．林业绿色全要素生产率的时空变化及影响因素研究：以南方集体林区为例．绥化学院学报，42（8）：6-10．
谭少鹏．2022．我国林业绿色全要素生产率测度及其影响因素．中南林业科技大学学报，42（8）：202-210．
王楚君，许治，陈丽玉．2020．基于标杆管理的中国研究型大学科技成果转化效率评价：网络排序方法的运用．科研管理，41（3）：183-193．
王洁方，刘思峰，刘牧远．2010．不完全信息下基于交叉评价的灰色关联决策模型．系统工程理论与实践，30（4）：732-737．
魏权龄．2004．数据包络分析．北京：科学出版社：59-71．
吴胜男，李岩泉，于大炮，等．2015．基于 VAR 模型的森林植被碳储量影响因素分析：以陕西省为例．生态学报，35（1）：196-203．
伍格致，王怀品，周妮笛，等．2015．湖南省森林碳汇产业发展社会效益分析．林业经济，37（11）：90-93．
郗婷婷，李顺龙．2006．黑龙江省森林碳汇潜力分析．林业经济问题，26（6）：519-522，526．
徐萌，陈文汇，刘俊昌．2015．林业绿色经济发展评价指标体系研究．林业经济，37（5）：24-28，67．
徐期瑚．2009．现代林业评价指标体系研究初探．湖北林业科技，（2）：43-47．
徐源，师华定，王超，等．2021．湖南省郴州市苏仙区重点污染企业影响区的土壤重金属污染源解析．环境科学研究，34（5）：1213-1222．
徐泽水．2001．模糊互补判断矩阵排序的最小方差法．系统工程理论与实践，（10）：93-96，130．
薛龙飞，罗小锋，李容容，等．2018．中国森林碳汇的区域差异及动态演进分析．中国农业大学学报，23（1）：197-206．
薛龙飞，罗小锋，李兆亮，等．2017．中国森林碳汇的空间溢出效应与影响因素：基于大陆 31 个省（市、区）森林资源清查数据的空间计量分析．自然资源学报，32（10）：1744-1754．
薛龙飞，罗小锋，吴贤荣．2016．中国四大林区固碳效率：测算、驱动因素及收敛性．自然资源学报，31（8）：1351-1363．
杨锋，夏琼，梁樑．2011．同时考虑决策单元竞争与合作关系的 DEA 交叉效率评价方法．系统工程理论与实践，31（1）：92-98．

姚仁福，边文燕，范宏琳，等 . 2021. 中国省域森林碳汇效率演进分析. 林业经济问题，41（1）：51-59.
叶菲菲，杨隆浩，王应明 . 2020. 区域环境污染强度测算及其分类治理效率评价研究. 系统科学与数学，40（6）：984-1003.
曾维忠，成蓥，杨帆 . 2018. 基于 CDM 碳汇造林再造林项目的森林碳汇扶贫绩效评价指标体系研究. 南京林业大学学报（自然科学版），42（4）：9-17.
张扣扣，贺婧，钟艳霞，等 . 2022. 基于 GIS 对宁夏某铜银矿区周边土壤重金属来源解析. 环境科学，43（11）：5192-5204.
张倩，刁钢，赵荣 . 2023. “森林资源 - 碳市场 - 社会经济” 系统视角的中国林业碳汇价值实现路径探析. 世界林业研究，36（6）：125-131.
张兴贤，王应明 . 2021. 一种考虑证据权重和可靠性的混合型多属性群决策方法. 系统科学与数学，41（5）：1305-1327.
张颖，孟娜，姜逸菲 . 2022. 中国森林碳汇与林业经济发展耦合及长期变化特征分析. 北京林业大学学报，44（10）：129-141.
张颖，周雪，覃庆锋，等 . 2013. 中国森林碳汇价值核算研究. 北京林业大学学报，35（6）：124-131.
朱建华，田宇，李奇，等 . 2023. 中国森林生态系统碳汇现状与潜力. 生态学报，43（9）：3442-3457.
朱教君，高添，于立忠，等 . 2024. 森林生态系统碳汇：概念、时间效应与提升途径. 应用生态学报，35（9）：2313-2321.
Amin G，Oukil A. 2019. Gangless cross-evaluation in DEA：An application to stock selection. RAIRO- Operations Research，53（2）：645-655.
Andersen P，Petersen N. 1993. A Procedure for ranking efficient units in data envelopment analysis. Management Science，39（10）：1261-1264.
Avkiran N. 2011. Association of DEA super- efficiency estimates with financial ratios：Investigating the case for Chinese banks. Omega，39（3）：323-334.
Bai J，Jiang F. 2011. Research on regional innovation efficiency considering environmental factors：Based on three-stage DEA method. Finance and Trade Economics，（10）：104-112，136.
Banker R，Charnes A，Cooper W. 1984. Some models for estimating technical and scale inefficiencies in data envelopment analysis. Management Science，30（9）：1078-1092.
Beaubouef T，Petry F，Arora G. 1998. Information- theoretic measures of uncertainty for rough sets and rough relational databases. Information Sciences，109（1-4）：185-195.
Bongers F，Chazdon R，Poorter L，et al. 2015. The potential of secondary forests. Science，348（6235）：642-643.
Borrás F，Ruiz J，Sirvent I. 2024. Planning improvements through data envelopment analysis （DEA） benchmarking based on a selection of peers. Socio-Economic Planning Sciences，95：102020.
Canadell J，Raupach M. 2008. Managing forests for climate change mitigation. Science，320（5882）：1456-1457.
Chambers R，Chung Y，Färe R. 1996. Benefit and distance functions. Journal of Economic Theory，70（2）：407-419.
Charnes A，Cooper W，Rhodes E. 1978. Measuring the efficiency of decision making units. European Journal of Operation Research，2（6）：429-444.
Chen Y. 2004. Ranking efficient units in DEA. Omega，32（3）：213-219.
Chen J，Gao M，Cheng S，et al. 2020. County-level CO_2 emissions and sequestration in China during 1997—2017. Scientific Data，7（1）：391-403.

Chen S, You C, Wu N, et al. 2024. Cross- efficiency aggregation based on interval conditional entropy: An application to forest carbon sink efficiency. Journal of Intelligent & Fuzzy Systems, 46: 4397-4415.

Chen Y, Ma L, Miao J, et al. 2023. Does Chinese forestry eco- efficiency converge? A three- stage DEA-Malmquist approach. European Journal of Forest Research, 142: 1259-1277.

Cheng G, Wang L, Wang Y. 2021. An extended three- stage DEA model with interval inputs and outputs. International Journal of Computational Intelligence Systems, 14 (1): 43-53.

Contreras I, Lozano S, Hinojosa M. 2021. A DEA cross-efficiency approach based on bargaining theory. Journal of the Operational Research Society, 72 (5): 1156-1167.

Cook W, Ramón N, Ruiz J, et al. 2019. DEA- based benchmarking for performance evaluation in pay- for-performance incentive plans. Omega, 83: 45-54.

Cooper W, Park K, Yu G. 1999. IDEA and AR- IDEA: Models for dealing with imprecise data in DEA. Management Science, 45: 455-620.

Dai J, Wang W, Mi J. 2013. Uncertainty measurement for interval- valued information systems. Information Sciences, 251: 63-78.

Davtalab-Olyaie M, Asgharian M. 2021. On Pareto-optimality in the cross-efficiency evaluation. European Journal of Operational Research, 288 (1): 247-257.

Despotis D, Smirlis Y. 2002. Data envelopment analysis with imprecise data. European Journal of Operational Research, 140: 24-36.

Doyle J, Green R. 1994. Efficiency and cross-efficiency in DEA: Derivations, meanings and uses. Journal of the Operations Research Society, 45 (5): 567-578.

Essid H, Ganouati J, Vigeant S. 2018. A mean-maverick game cross-efficiency approach to portfolio selection: An application to Paris stock exchange. Expert Systems with Applications, 113: 161-185.

Färe R, Grosskopf S. 2010. Directional distance functions and slacks- based measures of efficiency: Some clarifications. European Journal of Operational Research, 206 (3): 702.

Färe R, Grosskopf S, Lovell C, et al. 1989. Multilateral productivity comparisons when some outputs are undesirable: A nonparametric approach. The Review of Economics and Statistics, 71 (1): 90-98.

Golany B, Phillips F, Rousseau J. 1993. Models for improved effectiveness based on DEA efficiency results. IIE Transactions, 25 (6): 2-10.

Hatami-Marbini A, Agrell P, Tavana M, et al. 2017. A flexible cross-efficiency fuzzy data envelopment analysis model for sustainable sourcing. Journal of Cleaner Production, 142: 2761-2779.

He X, Chen L, Huang Y. 2022. A study of forest carbon sink increment from the perspective of efficiency evaluation based on an inverse DEA model. Forests, 13 (10): 1563.

Hu Q, Guo M, Yu D, et al. 2010. Information entropy for ordinal classification. Science China Information Sciences, 53 (6): 1188-1200.

Huang Y, Chen L, Wu N, et al. 2023. Research on interval benchmark surface based on efficiency compensation mechanism: A case study of forest carbon sink efficiency. Chinese Journal of Management Science, 31: 317-328.

Huang Y, He X, Dai Y, et al. 2022. Hybrid game cross efficiency evaluation models based on interval data: A case of forest carbon sequestration. Expert Systems with Applications, 204 (1): 117521.

Huang Y, Wang M. 2024. Heterogeneous multi-attribute group decision making based on a fuzzy data envelopment analysis cross-efficiency model. Expert Systems with Applications, 238 (PB): 121914.

Huang Y, Wang Y. 2017. Pareto approach for DEA cross efficiency evaluation based on interval programming.

Journal of Intelligent & Fuzzy Systems, 33: 2375-2389.

Jahanshahloo G, Lofti F, Malkhalifeh M, et al. 2009. A generalized model for data envelopment analysis with interval data. Applied Mathematical Modelling, 33: 3237-3244.

Jahanshahloo G, Lofti F, Moradi M. 2004. Sensitivity and stability analysis in DEA with interval data. Applied Mathematics and Computation, 156: 463-477.

Kao C. 2000. Measuring the performance improvement of Taiwan forests after reorganization. Forest Science, 46 (4): 577-584.

Kao C. 2010. Malmquist productivity index based on common-weights DEA: The case of Taiwan forests after reorganization. Omega, 38 (6): 484-491.

Kao C, Liu S. 2019. Cross efficiency measurement and decomposition in two basic network systems. Omega, 83: 70-79.

Kaya Y. 1990. Impact of carbon dioxide emission control on GNP growth: Interpretation of proposed scenarios. The IPCC Energy and Industry Sub-group, Response Strategies Working Group.

Korpela J, Lehmusvaara A, Nisonen J. 2007. Warehouse operator selection by combining AHP and DEA methodologies. International Journal of Production Economics, 108 (1-2): 135-142.

Lee C, Wang C, Ho S. 2022. The dimension of green economy: Culture viewpoint. Economic Analysis and Policy, 74: 122-138.

León T, Ramón N, Ruiz J, et al. 2014. Using Induced Ordered Weighted Averaging (IOWA) Operators for Aggregation in Cross- Efficiency Evaluations. International Journal of Intelligent Systems, 29 (12): 1100-1116.

Lesiv M, Shvidenko A, Schepaschenko D, et al. 2019. A spatial assessment of the forest carbon budget for Ukraine. Mitigation and Adaptation Strategies for Global Change, 24 (6): 985-1006.

Li F, Zhu Q, Chen Z, et al. 2018. A balanced data envelopment analysis cross- efficiency evaluation approach. Expert Systems with Applications, 106: 154-168.

Li M, Wang X, Agyeman F, et al. 2023. Efficiency evaluation and the impact factors of sustainable forestry development in China: Adoption of super- efficiency Data Envelopment Analysis and Malmquist index methods. Forests, 14 (5): 909.

Liang L, Wu J, Cook W, et al. 2008. The DEA game cross- efficiency model and its Nash Equilibrium. Operations Research, 56 (5): 1278-1288.

Lin B, Ge J. 2019. Carbon sinks and output of China's forestry sector: An ecological economic development perspective. The Science of the Total Environment, 655: 1169-1180.

Lin R, Liu Y. 2019. Super-efficiency based on the directional distance function in the presence of negative data. Omega, 85: 26-34.

Lin R, Tu C. 2021. Cross-efficiency evaluation and decomposition with directional distance function in series and parallel systems. Expert Systems with Applications, 177 (1): 114933.

Lin Y, Chen W, Liu J. 2021. Research on the temporal and spatial distribution and influencing factors of forestry output efficiency in China. Sustainability, 13 (9): 4687.

Liu H, Song Y, Yang G. 2018. Cross-efficiency evaluation in data envelopment analysis based on prospect theory. European Journal of Operational Research, 273 (1): 364-375.

Liu J, Yang S, Zhang G. 2024. A novel regret- rejoice cross- efficiency approach for energy stock portfolio optimization. Omega, 126: 103051.

Liu P, Zhang Y, Xu H. 2022. A neutral cross- efficiency measurement for general parallel production system.

Expert Systems with Applications, 205 (4): 117778.

Liu S, Liu X, Ding Z, et al. 2022. Impact of the management scale on the technical efficiency of forest vegetation carbon sequestration: A case study of state-owned forestry enterprises in northeast China. Remote Sensing, 14 (21): 5528.

Lozano S, Hinojosa M, Mármol A. 2019. Extending the bargaining approach to DEA target setting. Omega, 85: 94-102.

Lozano S, Khezri S. 2021. Network DEA smallest improvement approach. Omega, 98: 102140.

Lu H, Zhang M, Nian W. 2023. The spatial spillover effects of environmental regulations on forestry ecological security efficiency in China. Sustainability, 15 (3): 1875.

Maryam M, Ali A. 2024. A compromise programming approach for cross efficiency measurement in basic two-stage network system. Expert Systems with Applications, 252 (PA): 124205.

Młynarski W, Prędki A, Kaliszewski A. 2021. Efficiency and factors influencing it in forest districts in southern Poland: Application of Data Envelopment Analysis. Forest Policy and Economics, 130: 102530.

Monge J, Ruiz J. 2023. Setting closer targets based on non-dominated convex combinations of Pareto-efficient units: A bi-level linear programming approach in Data Envelopment Analysis. European Journal of Operational Research, 311 (3): 1084-1096.

Moore R, Lodwick W. 2003. Interval analysis and fuzzy set theory. Fuzzy Sets and Systems, 135 (1): 5-9.

Muren, Ma Z, Wei C. 2014. Generalized fuzzy data envelopment analysis methods. Applied Soft Computing with Applications, 19 (1): 215-225.

Namazi M, Mohammadi E. 2018. Natural resource dependence and economic growth: A TOPSIS/DEA analysis of innovation efficiency. Resources Policy, 59: 544-552.

Örkcü H, Özsoy V, Örkcü M, et al. 2019. A neutral cross efficiency approach for basic two stage production systems. Expert Systems with Applications, 125: 333-344.

Oukil A, Govindaluri S. 2017. A systematic approach for ranking football players within an integrated DEA-OWA framework. Managerial and Decision Economics, 38 (8): 1125-1136.

Pham M, Zelenyuk V. 2018. Slack-based directional distance function in the presence of bad outputs: Theory and application to Vietnamese banking. Empirical Economics, 54 (1): 153-187.

Qiu Z, Feng Z, Song Y, et al. 2020. Carbon sequestration potential of forest vegetation in China from 2003 to 2050: Predicting forest vegetation growth based on climate and the environment. Journal of Cleaner Production, 252: 119715.

Rakhshan S. 2017. Efficiency ranking of decision making units in data envelopment analysis by using TOPSIS-DEA method. Journal of the Operational Research Society, 68 (8): 906-918.

Ramón N, Ruiz J, Sirvent I. 2018. Two-step benchmarking: Setting more realistically achievable targets in DEA. Expert Systemswith Applications, 92: 124-131.

Rezaee M. Onari M, Saberi M. 2024. A data-driven decision support framework for DEA target setting: An explainable AI approach. Engineering Applications of Artificial Intelligence, 127: 107222.

Roudabr N, Najafi S, Moghaddas Z, et al. 2022. Overall efficiency of four-stage structure with undesirable outputs: A new SBM network DEA model. Complexity, 2022: 9577175.

Ruiz J, Segura J, Sirvent I. 2015. Benchmarking and target setting with expert preferences: An application to the evaluation of educational performance of Spanish universities. European Journal of Operational Research, 242 (2): 594-605.

Ruiz J, Sirvent I. 2019. Performance evaluation through DEA benchmarking adjusted to goals. Omega, 87:

150-157.

Sala-Garrido R, Molinos-Arce M, Maziotis A, et al. 2023. Benchmarking the performance of water companies for regulatory purposes to improve its sustainability. Npj Clean Water, 6 (1): 1.

Sala-Garrido R, Mocholí-Arce M, Maziotis A, et al. 2024. Energy efficiency evaluation of wastewater treatment plants: A methodological proposal for its benchmarking. Environmental Science & Policy, 162: 103915.

Sexton T, Silkman R, Hogan A. 1986. Data envelopment analysis: Critique and extensions. New Directions for Program Evaluation, (32): 73-105.

Shah W, Hao G, Yan H, et al. 2023. The impact of climate change on China's forestry efficiency and total factor productivity change. Forests, 14 (12): 2464.

Shi H, Wang Y, Chen L. 2019. Neutral cross-efficiency evaluation regarding an ideal frontier and anti-ideal frontier as evaluation criteria. Computers & Industrial Engineering, 132 (6): 385-394.

Soltani N, Lozano S. 2018. Potential-Basedefficiency assessment and target setting. Computers & Industrial Engineering, 126: 611-624.

Song H, Wang M, Martínez L. 2024. Enhancing group decision-making: Maximum consensus aggregation for fuzzy cross-efficiency under hesitant fuzzy linguistic information. Computers & Industrial Engineering, 197: 110622-110622.

Song H, Zamora D, Romero Á, et al. 2023. Handling multi-granular hesitant information: A group decision-making method based on cross-efficiency with regret theory. Expert Systems with Applications, 227: 123332.

Song M, Zhao X, Choi Y. 2020. Technical efficiency of Chinese forestry and its total factor productivity for the adaption of the climate change. Journal of Forest Economics, 35 (2-3): 149-175.

Song M, Zhu Q, Peng J, et al. 2017. Improving the evaluation of cross efficiencies: A method based on Shannon entropy weight. Computers & Industrial Engineering, 112: 99-106.

Tao X, An Q, Xiong B, et al. 2022. Benchmarking with nonconvex production possibility set through data envelopment analysis: An application to China ' s transportation system. Expert Systems with Applications, 198: 116872.

Tao X, An Q, Xiong B, et al. 2023. Sequential benchmark selection on Pareto-efficient frontiers with endogenous directions. Journal of the Operational Research Society, 74 (1): 18-32.

Toloo M, Keshavarz E, Hatami-Marbini A. 2018. Dual-role factors for imprecise data envelopment analysis. Omega, 77 (6): 15-31.

Tone K, Toloo M, Izadikhah M. 2020. A modified slacks-based measure of efficiency in data envelopment analysis. European Journal of Operational Research, 287 (2): 560-571.

Tone K. 2001. A slacks-based measure of efficiency in data envelopment analysis. European Journal of Operational Research, 130 (3): 498-509.

Walheer B. 2023. Meta-frontier and technology switchers: A nonparametric approach. European Journal of Operational Research, 305 (1): 463-474.

Wang G, Guan D, Xiao L, et al. 2019. Forest biomass-carbon variation affected by the climatic and topographic factors in Pearl River Delta, South China. Journal of Environmental Management, 232: 781-788.

Wang J, Shi K, Hu M. 2022. Measurement of forest carbon sink efficiency and its influencing factors empirical evidence from China. Forests, 13 (11): 1909.

Wang L, Chen L, Long Y, et al. 2024. Spatio-temporal evolution characteristics and spatial spillover effects of forest carbon sink efficiency in China. https://doi. org/10. 1007/s10668–024–05424-5 [2025-06-21].

Wang Y, Chin K. 2010a. A neutral DEA model for cross-efficiency evaluation and its extension. Expert Systems with Applications, 37 (5): 3666-3675.

Wang Y, Chin K. 2010b. Some alternative models for DEA cross- efficiency evaluation. International Journal of Production Economics, 128 (1): 332-338.

Wang Y, Chin K. 2011. The use of OWA operator weights for cross- efficiency aggregation. Omega, 39 (5): 493-503.

Wang Y, Greatbanks R, Yang J. 2005a. Interval efficiency assessment using data envelopment analysis. Fuzzy Sets and Systems, 153: 347-370.

Wang Y, Yang J, Xu D. 2005b. A two- stage logarithmic goal programming method for generating weights from interval comparison matrices. Fuzzy Sets and Systems, 152 (3): 475-498.

Wang Y, Chin K, Jiang P. 2011. Weight determination in the cross-efficiency evaluation. Computers & Industrial Engineering, 61 (3): 497-502.

Wei J, Shen M. 2022. Analysis of the efficiency of forest carbon sinks and its influencing factors: evidence from China. Sustainability, 14 (18): 11155.

Wu J, Chu J, Sun J, et al. 2016a. Extended secondary goal models for weights selection in DEA cross-efficiency evaluation. Computers & Industrial Engineering, 93 (C): 143-151.

Wu J, Chu J, Sun J, et al. 2016b. DEA cross- efficiency evaluation based on Pareto improvement. European Journal of Operational Research, 248 (2): 571-579.

Wu J, Sun J, Liang L. 2012. DEA cross-efficiency aggregation method based upon Shannon entropy. International Journal of Production Research, 50 (23): 6726-6736.

Xiao S, Kremantzis M, Kyrgiakos L, et al. 2024. Variable RTS in hierarchical network DEA: Enhancing efficiency in higher education systems. Socio-Economic Planning Sciences, 96: 102112.

Xiong B, Zhang Q, Tao X, et al. 2024. Benchmarking with quasiconcave production function under Variable returns to Scale: Exploration and empirical application. Expert Systems with Applications, 243: 122888.

Xu H, Sun Y, Hua Z. An interval 2010. DEA method based on overall efficiency. Chinese Journal of Management Science, 18: 102-107.

Xu W, Jin X, Liu J, et al. 2022. Analysis of spatio- temporal changes in forest biomass in China. Journal of Forestry Research, 33: 261-278.

Xu Z, Chen J. 2003. Some models for deriving the priority weights from interval fuzzy preference relations. European Journal of Operational Research, 184 (1): 266-280.

Yang G, Yang J, Liu W, et al. 2013. Cross-efficiency aggregation in DEA models using the evidential-reasoning approach. European Journal of Operational Research, 231 (2): 393-404.

Yang J. 2001. Rule and utility based evidential reasoning approach for multiattribute decision analysis under uncertainties. European Journal of Operational Research, 131 (1): 31-61.

Yang T, Kuo C. 2003. A hierarchical AHP/DEA methodology for the facilities layout design problem. European Journal of Operational Research, 147 (1): 128-136.

Yang Z, Wei X. 2019. The measurement and influences of China's urban total factor energy efficiency under environmental pollution: Based on the game cross-efficiency DEA. Journal of Cleaner Production, 209: 439-450.

Yin S, Gong Z, Gu L, et al. 2022. Driving forces of the efficiency of forest carbon sequestration production: Spatial panel data from the national forest inventory in China. Journal of Cleaner Production, 330: 129776.

Yu G, Wei O, Brockett P, et al. 1996. Construction of all DEA efficient surfaces of the production possibility set under the generalized data envelopment analysis model. European Journal of Operational Research, 95 (3): 491-510.

Yu H, Zhao Y, Liu W, et al. 2021. Research on the investment efficiency based on grey correlation-DEA model. Annals of Operations Research, 326 (12): 1-20.

Zarrin M, Brunner J. 2023. Analyzing the accuracy of variable returns to scale data envelopment analysis models. European Journal of Operational Research, 308 (3): 1286-1301.

Zhang X X, Wang Y M. 2021. A hybrid multi-attribute group decision making method considering evidence weights and reliabilities. Journal of Systems Science and Mathematical Sciences, 41 (5): 1305-1327.

Zhang Y, Zhao Y, Chen Q, et al. 2024. Capacity of forests and grasslands to achieve carbon neutrality in China. Forests, 15 (6): 1060.

Zhao N, Wang K, Yuan Y. 2023. Toward the carbon neutrality: Forest carbon sinks and its spatial spillover effect in China. Ecological Economics, 209 (S1): 107837.